表裏対称平面の幾何

―相対性原理の証明―

藤 森 弘 章 著

$$\Pi(c - v_{ij}) = \Pi(c + v_{ij})$$

はしがき

　近代科学がなぜヨーロッパの独壇場のうちに拓けてきたかを 鑑 みるに，バビロン・エジプト以来の図形の知識を，基礎から組立て集大成したユークリッドの『幾何原本』を受継いだことに加え，知的冒険という伝統が 育 んだ懐疑精神 (「すべてのことを疑え」デカルト) に因るところ大であろう．明治文明開化以来のわが国の，手っ取り早く外から果実を取り込んでも新種の果樹は育たない，という土壌との落差は大きい．寺田寅彦は相対論について

> **学説を学ぶものにとってもそれの完全の程度を批判し不完全な点を認識するは，その学説を理解するために正に努むべき条件の一つである** [01]

と自戒し，また「**オリジナリティを尊ばない国民性**」[02]と自覚してもいる．受け売りが身に染まると，先覚の難を忘れ先陣の勇を失う．異論を排し出る杭を打つ同調体質と，物ごとの全体や本質を離れ，その形や些事にこだわる目先形式思考は，わが社会風土に通底する積弊である．この究極の弱点を自反できなかったことこそが，あの大東亜戦争に盲進し，福島原発が地震と津波に虚を衝かれる，という国家の敗北を招いた．

　私は学生時代，特殊相対論の講義に落ちこぼれたが，その言い訳に光速度不変の原理と，電磁気学の法則 (光速cは定数) との重複した関係に異論があった．卒業で学問からは離れたが，2008年のリーマン破綻に立ち至る米国経済激震の余波もあって，計らずも人生の中で "潤沢な自由" という特権を得て，書棚の奥に眠っていた相対論の本を紐解いてみた．ローレンツ変換の丘を越え速度合成定理の峠にさしかかって，昔の別解癖が 蘇 ってきた．教科書と違う証明を得て悦に入るというやつである．簡単のため時空2次元模型を用いた．歳のせいか霞んで見えなくなったダッシュ付きの文字式を，添え字付きの表記に改めながら，式を逐一清書していくうちに，ほんのはずみでまだ見たことのない数式が，忽然と姿を見せたのである[98]．(この式は読み流すこと)

$$\prod(c - v_{ij}) = \prod(c + v_{ij}) \quad \text{ここに} \quad i=1{\sim}n,\ j=i{+}1,\ i=n\text{のとき}j=1 \qquad (5\text{-}5)$$

$$n=3 \quad \text{で} \quad v_{13} = \frac{v_{12} + v_{23}}{1 + v_{12}v_{23} \big/ c^2} \qquad \text{速度合成定理}$$

この美しい式(5-5)の対称性がいずこより由来するかが次なる課題となった．線型空間における線型変換という観点から，対称性に着目して，不動点と不変量の関係を調べるうちに，2×2行列に関する恒等式が見つかり，ついに**可換特殊等対角変換群**にたどり着いた．これによると，線型空間の半等方性と慣性系の対等という，より基本的な事がらから相対論が数学的に演繹される，と解釈できた．時空の対称構造に関する数学的骨格も固まった．ここまでが前著『特殊相対性理論の数学的原理』[88] である．

　しかし平面の半等方性と全等方性が何故生ずるのか，その理由が分からなかった．まだ隠れている**何か**の存在が，長く重苦しい時を刻んだ．前著を見直すうちに，1次と2次の不変関数の意味する所が，平面の対称性にあると浮かんできた．平面の表裏対称より説きおこすと，相対性原理が明瞭に説明でき，相対論がすっきりと組立てられるばかりか，ユークリッド幾何学とニュートン力学も，同じ淵源であると分かった．自然を律する規則が，根源は平面の表裏対称という平凡な真理に出て，実に神妙に組立てられていることに胸が躍った．

　ガリレイに添えて曰く「**自然という書物は数学という言語** [に対称という文法] **で書かれている**」と．またアインシュタイン曰く「**数学でこの世界を理解できることこそ最大の神秘である**」と．天才は先を急ぐという．ときには論理の飛躍もあるだろう．崖越えの古道を切通すは後世の役目である．

　特殊相対論は完成された理論である，との定説の土台を掘返すことになったが，なにぶんにも半かじりの老骨が，愚直に何故かを問いあぐね，当てずっぽうの思いつきを，無手勝流に考え進めたことゆえ，真理を愛する諸賢のご明察を賜りたい．

2022年2月4日　H.A.ローレンツと私の母の命日に

藤森　弘章

目　次

前 提 事 項

- 線型代数は大学初年の入門レベル，線型空間や群の定義は教科書による．幾何学，力学，微分積分は高校レベル，相対論は入門レベルの知識を前提とする．これらの幾何学，力学，相対論，線型代数は，専門書やweb siteとの読み比べを勧める．
- 参照YouTubeやweb siteのURLを巻末の参照文献欄に載せた．
- 一貫して平面模型 (時空2次元または空間2次元) を扱うので，2次正方行列を扱う．

初 学 者 用　基　本　用　語　集

法則　law　一定の条件の下で必ずなりたつ普遍的関係　　　　　**太字は本書の新用語**

原理　principle　事象をなりたたせる根本の法則．証明された原理もある．

理論　theory　個々の事がらや認識を統一的に説明する論理体系

定義　definition　ある概念や理念についてその本質的属性を明確にしたもの．

命題　proposition　真または偽を言い表した文

公理　axiom　広く認められた自明の真理で，それを出発点として他の命題を証明する

仮説　hypothesis　ある現象を統一的に説明するために立てた仮定

公準・要請・仮定　postulate　ある理論を建てるときの前提命題，役割は公理と同じ

定理　theorem　定義と公理だけから論理的に証明される重要な命題

補題　lemma　補助定理

公式・式　formula　物事の関係を表わした基本の数式

方程式　equation　式のなかの未知数が特定の値をとるときにだけ成立する等式

関数　function　関数f(x,y)は(x,y)に対応する値を表わす．広くは写像と同じ

慣性系　inertial system, inertial frame　回転がなく等速直線運動する枠組み

座標系　coordinate system　座標軸により空間の点を座標点として表わす仕組み

座標平面　coordinate plane　座標系を張った平面

慣性座標系　inertial coordinate system(frame)　慣性系に座標系を張ったもの

基準系　reference frame　基準とする慣性座標系．静止系ともいう

運動系　motional frame　基準系からみて一定速度で動いている慣性座標系

変換　transformation　入力と出力が同じ集合にあり，それらを対応付ける操作

座標変換と図形変換　coordinate transformation and figure transformation　→P8

線型性，線型構造　linearity, linear structure　入力と出力が同じ集合となる足し算構造

並進　translation　平行移動のこと

斜鏡映行列 B　oblique reflection matrix　　$B = B^{-1}$ かつ固有値 $= \pm 1$ の行列　→P28

斜鏡映平面　斜鏡映変換Bのもつ2本の固有直線の張る平面.　→P12,　§3.3

特殊等対角行列 F　special iso-diagonal matrix　対角元が等しく行列式が1の行列→P29

不変と対称　invariant and symmetry　不変は図形の形や関数の値や式の形が変換前後で(重なって)変わらないことで対称の特別の場合.　対称は変換で同じ形が他に移ること

不変関数　invariant function　関数の引数に変換操作をしても形が変わらない関数→P9

不変量(変換不変量)　invariant　座標変換しても変わらない(もとに重なる)量や関係

光速度不変　光速度cは光源の運動と関係なく,　いずれの慣性系でも同じ値であること

最高普遍速度　maximum universal speedいずれの慣性系においても等しい最高速度c

共変式　covariant　基底変換に対して,　変換不変量の関係が,　同じ形式となる不変関数

4次元時空　four dimensional spacetime　空間3×時間1次元の宇宙,　慣性系が宿る

空間　space　(a)　時間と対比した空間,　時空における空間軸

　　　　(広義)　(b)　数学的空間の概念で,　時間を含めた時空も空間という

時空間　spacetime　宇宙から万物を取去った数学的な空間と時間

線型空間　linear space　ベクトル空間ともいう.　集合内で元と元の足し算ができる空間

時空平面　spacetime plane　2次元空間(Euclid平面)または2次元時空(Minkowski平面)をいう

表裏対称平面　symmetry plane　表面と裏面が区別できない線型平面

全等方性　ユークリッド空間のように全点が全方向に等方的な空間の性質

半等方性　時空間のように空間は等方的であるが,　時間は一方的な空間の性質

ユークリッド平面　Euclidean plane　ユークリッド幾何がなりたつ,　空×空型平面

ミンコフスキー平面　Minkowski plane　特殊相対論がなりたつ空×時型平面

固有方程式と固有値と固有ベクトル　→P7

固有直線　原点を通り,　固有ベクトルの方向をもつ1つの直線(固有空間の直線表現)

固有平面　2つの固有直線の張る平面

不変直線　invariant line　1次不変関数のこと.　図形変換しても変わらない直線

不動点直線　fixed point line　図形変換しても点が不動(不変)である直線

折返し線　fold line　平面を裏返すときにできる不動点直線(固有直線の一つ)

等方線　isotropic line　線上の任意の点で反転不変な直線(固有直線の一つ)

偏角　declination　2×2正則行列の極形式に現れる角度で,　楕円角と双曲角がある

運動学　kinematics　物理現象を表現するための数学的な枠組み,　特殊相対論など

見える　　像が目に入る,　目に映る

みえる　　個別事象を見て,　全体との整合を以て判断する

観測する　一つの系で発生した事象のデータを得る,　局所的な事象を見る

認識する　物事を見分け判断し,　大局的に理解する

凡　例

- 引用文章中の［…］は訳者または筆者の補足した部分である.
- 注釈（*, **）は本文の近くに置き, やや小文字で記した.
- 問の答は巻末に置いた.
- 参照文献は文末に参照番号[nn]で示す.
- MSWordで原稿を作成した. フォントは游明朝, Palatino Linotype(英数)を用いたが, 数式内ではCambria mathとなっている.

記　号

固有名詞的に使用した文字, 式

A　一般線型行列, $\det A \neq 0$　　　S　特殊線型行列, $\det S = 1$

B　斜鏡映行列, $\det B = -1$　　　F　特殊等対角行列, $\det F = 1$

G　ガリレイ行列, $\det G = 1$　　　L　ローレンツ行列, $\det L = 1$

R　回転行列, $\det R = 1$　　　$\pm M$　y軸またはx軸鏡映行列, $\det M = -1$

c　　光速または最高普遍速度　　　γ　ローレンツ因子　$\gamma \geq 1$

f　折返し線(不動点直線)　　　g　等方線(反転直線)

k, h　2×2行列の可換係数, 線型平面の基底

p　2~4章までは位置ベクトル $p = \begin{pmatrix} x \\ y \end{pmatrix}$,

　　　5章では2元時空ベクトル $p = \begin{pmatrix} x \\ t \end{pmatrix}$,

　　　6章では2元運動量 $p = \begin{pmatrix} mv \\ m \end{pmatrix}$ または $p = \gamma \begin{pmatrix} mv \\ m \end{pmatrix}$

$\mathbf{f}$　不変直線=1次不変関数　$\mathbf{f}(Bp) = \mathbf{f}(p)$

ϕ　2次不変関数　$\phi(Sp) = \phi(p) = -kx^2 + y^2 + 2hxy$,

　　　$h = 0$ のとき　$\phi(Bp) = \phi(Fp) = \phi(p) = -kx^2 + y^2$

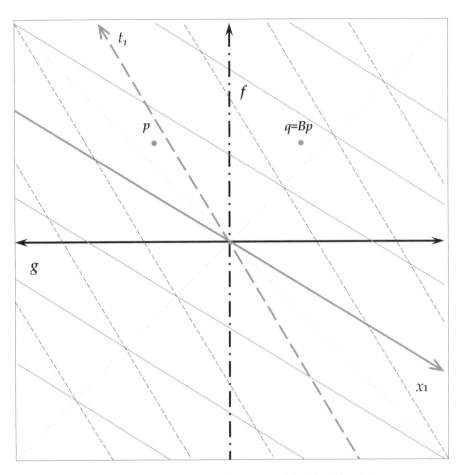

図 Minkowski 平面の**表面**斜交座標系と格子線

斜鏡映変換 $B = \frac{1}{\sqrt{17}} \begin{pmatrix} -9 & 8 \\ -8 & 9 \end{pmatrix}$ の張る斜鏡映平面

対応するローレンツ変換 $L = \frac{1}{\sqrt{17}} \begin{pmatrix} 9 & -8 \\ -8 & 9 \end{pmatrix}$

f: 折返し線(裏返し線)　　　g: 等方線　　　→第3章 定理3-3

x_1: 表面空間軸　　　　t_1: 表面時間軸

p, q は反転点

表裏の両斜交座標系は，折返し線fと等方線gを介して，双方右手座標系として
完全に一致している.

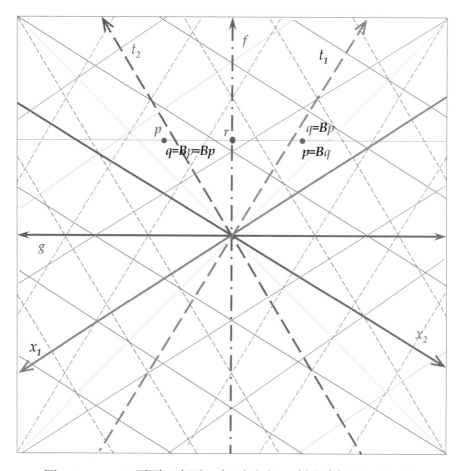

図 Minkowski 平面の表面・裏面(赤色)の斜交座標系と格子線

裏面から見た図　*f*：折返し線(裏返し線)　　　*g*：等方線
f, *g* は表面裏面で重なりあっている.

x_2：裏面空間軸　　t_2：裏面時間軸　　　x_1：表面空間軸　　t_1：表面時間軸

p,qは図形反転変換点,　**p,q**は背面座標変換点,　*r*は中点,　***g*** ∥ 直線 *p-q*

ポアンカレ「真の証明が種々の結果を生むのは，その結論が或意味に於て前提
よりも一般的になってゐるからである．」『科学と仮説』[60] ⇒⇒⇒**算額 2**

ポアンカレの遺題：よくできた理論は，極めて厳密に一挙にこの [相対性] 原理を証明できるはずである．『Electricitè et optique』1901 [65]

証明 線型平面の表裏に，互いに右手系で向き合う斜交座標系を張り，原点を合せる．背面座標変換を2×2行列 B で表わすと，次がなりたつ．

表裏対称平面方程式 $B = B^{-1} \Leftrightarrow B^2 = E,$

裏返し変換だから $\det B < 0.$

解は斜鏡映変換 $B = \begin{pmatrix} -a & -b \\ kb & a \end{pmatrix}$, $\det B = -a^2 + kb^2 = -1.$

斜鏡映変換 B を鏡映反転して，表面右手系どうしの座標変換 F を導く．

$$F = \begin{pmatrix} -1 & 0 \\ 0 & 1 \end{pmatrix} B = \begin{pmatrix} a & b \\ kb & a \end{pmatrix}, \ \det F = 1, \ k は可換係数.$$

$k = -1$ のとき変換 F は回転変換，$k = 0$ のとき変換 F はガリレイ変換，$k > 0$ のとき変換 F はローレンツ変換である．k を固定すると変換 B, F は，2次不変関数 $\phi(p)$ を軌道とする変換群をなし，変換不変量 r^2 をもつ．

$$\phi(Bp) = \phi(Fp) = \phi(p) = -kx^2 + y^2 = r^2, \ p = \begin{pmatrix} x \\ y \end{pmatrix}.$$

　表裏対称平面には,平面の等方性の違い(空×空 平面は $k = -1$, 時×空 平面は $k \geqq 0$) により，長さを $\|p\| = r$ とする等長変換の各幾何がなりたつ．平面の表面点 p に裏面点 q が対応するとすると，変換 B の背面座標変換性より $q = Bp$, 図形反転変換性より $p = Bq$, 故に $p = Bq = B(Bp) = p$ がなりたち, **平面の表と裏は，全く対称の座標平面である**ことを変換 B が保証する．

(詳しくは定理3-3 表裏対称平面定理と図5-1の具体例を参照)

　一本の直線上を相対定速度で運動する二つの慣性座標系(**時空2次元模型**)は共通の時空間の中で互いに対称であり，時空平面の表裏の関係にある．

　以上より，線型平面になりたつ一般線型変換群の幾何を基礎として，空間平面の表裏対称より，回転変換群とユークリッド幾何学がなりたち，絶対時空平面の表裏対称より，ガリレイ変換群とニュートン力学がなりたち，時空平面の表裏対称より，ローレンツ変換群と特殊相対性原理がなりたつ．

第 1 章   平面幾何概観

§1.1   幾何学小史

　天空・空間・時間については，誰もがその中にあることから，古来より哲学者・科学者をはじめ多くの先哲が思索を巡らし，夥しい文献がある．空間と図形を窮_{きわ}める幾何学を軸に，その大雑把な歴史を眺めてみる．

　幾何学の語源 geo-metry は大地-測定の意である．バビロニアやエジプトで発達した地面の測量術が，古代ギリシャで論理的に体系化された．紀元前300年頃ユークリッドが著わした『幾何原本』全13巻の写本が残されている．この幾何学は基本図形の定義に始まり，数学一般概念としての公理と，図形に関する経験事実から帰納した五つの「自明の真理」を公準*に建て，簡単な命題から順に証明して高みと深みに達している．この「経験事実－帰納－公理－演繹」の手順を**公理的方法**という．

　　　　　*公準は幾何学特有の公理のことで，仮定・前提・要請ともいう．
　　　（公準 1 ）**次のことを要請する．任意の点から任意の点へ直線を引くこと**
　　　（公準 2 ）**有限な直線を連続して延長すること**
　　　（公準 3 ）**任意の点を中心として任意の半径の円を描くこと**
　　　（公準 4 ）**すべての直角は互いに等しいこと**
　　　（公準 5 ）**二つの直線と交わる直線の，同じ側の内角の和が 2 直角より小さいな**
　　　　　　らば，この 2 直線を同じ側に限りなく伸ばしていけば，いつかは交わること．

　紀元160年頃プトレマイオスはギリシャ天文学を集大成した『天文学大全』を著わした．爾来1500年余り，惑星逆行を周転円で説明したこの天動説が信じられてきた．3 世紀ころ，伝統あるアレクサンドリアの大図書館が廃墟に帰したが，ビザンツ文明圏を経てアラビア文明圏にこれらの書物が伝えられた．

　16世紀にコペルニクスが自身の惑星観測を基に地動説を復活させたが，これ以後に発展した近代自然科学のお手本となったのが，公理的方法である．

　17世紀にデカルトらが座標系を発案し，代数的に図形を分析する解析幾何が生まれた．この頃惑星運動に関するケプラーの法則と，ガリレイが研究した弾丸の放物運動理論などを統一して，ニュートンが慣性系を舞台に力学を三法則にまとめたが，絶対時間と絶対空間の中に慣性系があると想定した．

18世紀にカントは空間について深く省察し「**空間の観念は単に経験から得られるものではなく，先験的な純粋理性の直観形式による綜合判断である**」[10]としたが，吟味を尽くした綜合判断も，気づかないことには素通りしてしまう．

問1-1 ユークリッド幾何の定理が，平面の表側でなりたつのと全く同様に，裏側でもなりたつことを証明せよ．

問1-2 平面の表裏対称性を公準とした場合，ユークリッドの公準はどう変更されるか．

19世紀には幾何学の公理の研究が進み，曲面になりたつ非ユークリッド幾何学が派生した．クラインはその頃発展してきた射影幾何学などを含む諸幾何学の指導原理を「**幾何学は図形の変換に対して，不変の量や性質を研究する学問である**」と看破したが，新たな不変量が新しい幾何学を生むこととなった．

1899年にヒルベルトは『幾何学の基礎』[19]を著し，ユークリッド幾何の公理系を**補完**して，結合・**順序**・合同・平行・**連続**の公理を仮定した．その根拠として「**公理系に必要なことは独立性と無矛盾性と完全性である**」とした．以来公理系はこれらの条件を形式的に満たせばよしとして，自由に考案した公理に基づく論証数学が発展した．この書では「**点や直線や平面などの論理的な相互関係が幾何学の核心である**」とし，これらの基本図形を無定義用語としたが，学ぶ者には定義がほしい．究極の定義はできずとも，それは概念と理念を与える．

1905年にアインシュタインは時空の概念を刷新する特殊相対性理論[71]を発表した．時間と空間は慣性系固有のものであり，慣性系が違えば時間も座標変換が必要である，という従来の宇宙絶対時間の盲点を突く理論であった．ミンコフスキーはこれを数学的に4次元時空の幾何として洗練させた．

1911年に林鶴一は著『初等幾何学の体裁』[09]において「**幾何学の基礎を確固たらしむる空間の公理には，曖昧な所が残されている**」ことを指摘した．

19世紀後半から線型性をテーマとした線型代数学が新たに発展し，ワイルらが対称性について深く研究した．しかし線型空間に属するユークリッド空間が内積の定義によるのは箱庭的で，図形の科学は元来大地に根ざすものである．

§1.2　平面幾何の分類

　直線に線型直線(数直線)や非線型直線(対数直線など)があるように，平面にも
様々な特性をもつ平面があり，その平面ごとになりたつ幾何学がある.

```
　　　　　┌複素平面幾何
線型平面┼アフィン平面幾何　　　　（裏面を考えない線型平面幾何）
　　　　　├表裏非対称平面─表裏非対称平面幾何
　　　　　└表裏対称平面┬ユークリッド平面幾何(空間×空間)
　　　　　　　　　　　　　└ミンコフスキー平面幾何(空間×時間)⇒特殊相対論
　　　　　　　　　　　　　　└ニュートン平面幾何(空間×絶対時間)⇒古典力学
非線型平面┬半対数平面幾何または両対数平面幾何
　　　　　├メルカトル図法平面幾何（世界地図）
　　　　　└xxx図法平面幾何，など
```

　平面には両面平面と片面平面があり，両面平面は表裏の関係という物理的制
約がある. 本書は表裏対称線型平面を扱う. （→第 3 章）

§1.3　若干の素朴な疑問

　かくして根を張り枝を繁らせて大木に成長した空間・時間の学問であるが，
かなり呑込みの遅い学生として，ついに晴れなかった若干の疑問を振返る.

平面幾何への素朴な愚問

　学校でユークリッド幾何を学び，その完成版ともいうべきヒルベルトの『幾
何学の基礎』を読んでなお残るわだかまりは，平面幾何の公理はなぜ平面固有
の性質*から出発しないのか，という点にある.

　　　* 例えば，平面は均質等方である，など.

線型代数学の扱うユークリッド平面への素朴な質問

　ユークリッド平面は自然の賜物であるのに，その導入が内積の定義によるの
は不自然である. ユークリッド平面自身の性質やその対称性から，内積を導く
べきである. また内積や外積が，何の脈絡もなくいきなり定義から始まるのも
奇異である. アフィン平面においても，平行線に交わる直線のつくる同位角は
等しい筈であるが，そう言わないのは何故か.

特殊相対論の立論への素朴な疑問

　二つの基本原理は独立ではないうえに，ローレンツ変換を導くに，時間の一方性の条件が明示的に使われていない．すべての時空間の性質，とりわけ時間の一方性と平面の表裏対称性を含む時空間の本質論として立論すべきである．

§1.4　本書の主旨

　般若心経に次の一節がある．　　「**色即是空　空即是色**」
姿形あるものは有為転変して確かな存在ではないが，虚空にこそ普遍の 理 が
ある，と解釈できる．
　ニュートンが主著『プリンシピア』[17]でいみじくも
　　　すべての運動は加速されるか減速されるかのいずれかである
と述べたように，質量のある物体では厳密な慣性系が存在しないことに苦慮していた．しかし理論の土台は慣性系に置かざるを得なかった．
　本書では先人の知恵に倣い，森羅万象の宇宙から万物を取去って，残った空虚な空間（**時空間**）に潜在する数学的な構造を解明しようとした．時空間に存在する表裏対称平面の幾何構造が主題である．時空間の平面（**時空平面**）には，ユークリッド平面とミンコフスキー平面がある．これらの平面は表裏無区別，すなわち表裏対称であるが，表面に観測される様々な現象が裏面にも全く同様に観測されるのは，どのような仕組みに基づくのかを表裏対称平面方程式に建て，その解を数学的に掘下げた．
　時空間における究極の理は，直線の反転不変性にあり，これが平面の線型性と表裏対称性の淵源である．この時空間の構造に自然界の法則 (幾何の定理や物理の法則) が従う機序を 章 かにした．特殊相対論では，時空間の性質からローレンツ変換を導き，最高普遍速度の必然性と相手慣性系の時空間の縮小および慣性系間の同時性の不一致を記した．また不変関数と不変量の観点から，ニュートン力学と相対論力学を対比した．
　ついでに，未解決として残されてきた所謂「時間の矢」の問題を考察した．

第2章 線型変換の不変量

§2.0 2×2行列の基本

表記法

本書は線型空間として主に2次元座標平面を扱う. 以下に表記法を記す.

(1) 行列は大文字・太字・斜体・全角 A, B, E 等, ベクトルは小文字・太字・斜体・半角 p, q, r 等で記す. cは光速, k,h,r,sは定数(パラメータ)とする.

(2) ベクトルの並進対称を根拠に, 任意に選んだ原点Oから点P(x,y)への位置ベクトルpを $\overrightarrow{OP} \equiv p \equiv (x,y) \equiv \begin{pmatrix} x \\ y \end{pmatrix}$ と記し, ベクトルと点を同等に表現する.

$$\begin{pmatrix} x_2 \\ y_2 \end{pmatrix} = \begin{pmatrix} a & b \\ c & d \end{pmatrix}\begin{pmatrix} x_1 \\ y_1 \end{pmatrix} = \begin{pmatrix} ax_1 + by_1 \\ cx_1 + dy_1 \end{pmatrix} を \quad p_2 = Ap_1,$$

$\phi(Ap) = \phi(p) = \phi(x,y) = -cx^2 + by^2 + (a-d)xy$ などと表わす.

(3)「線型変換」と「線型変換を表現する行列」の用語を厳格には区別せず.

(4) 単位行列は $E = \begin{pmatrix} 1 & 0 \\ 0 & 1 \end{pmatrix}$ を用いる. また行列B, Fを固有名詞的に使う.

(5) 行列式はdet$A$ と $|A|$を適時用いる. $|A| \equiv \det A = \det \begin{pmatrix} a & b \\ c & d \end{pmatrix} = ad - bc$.

(6) $|S| = 1$である行列Sを**特殊**線型変換行列, $|A| \neq 0$である行列Aを**一般**線型変換行列という. このとき「変換」または「行列」の語を省くことがある.

2×2行列の性質

(1) 2×2行列Aの定数倍が行列式に与える効果は $|rA| = r^2|A|$.

(2) $|AB| = |A||B|$, $\quad$ tr$(AB) =$ tr(BA). $\quad$ ←tr は traceの意

(3) $Ep = p$, $AE = EA = A$, $E^{-n} = E^n = E$. $\quad$ Eは任意の行列と可換

(4) $A^{-1}A = AA^{-1} = E$. $\quad$ AとA^{-1}は可換

(5) $\det A \neq 0$ のとき $A = \begin{pmatrix} a & b \\ c & d \end{pmatrix}$は正則行列または正則であるという. このとき逆行列A^{-1}が存在し $A^{-1} = \frac{1}{|A|}\begin{pmatrix} d & -b \\ -c & a \end{pmatrix}$.

(6) 行列が正則のとき $(AB)^{-1} = B^{-1}A^{-1}$, $(ABC)^{-1} = C^{-1}B^{-1}A^{-1}$.

(7) 2点の変換 $P_1 = \begin{pmatrix} x_1 \\ y_1 \end{pmatrix} \to Q_1 = \begin{pmatrix} u_1 \\ v_1 \end{pmatrix}$, $P_2 = \begin{pmatrix} x_2 \\ y_2 \end{pmatrix} \to Q_2 = \begin{pmatrix} u_2 \\ v_2 \end{pmatrix}$ を指定すると 2×2変換行列Aが定まる. 即ち $A\begin{pmatrix} x_1 & x_2 \\ y_1 & y_2 \end{pmatrix} = \begin{pmatrix} u_1 & u_2 \\ v_1 & v_2 \end{pmatrix}$, $\det\begin{pmatrix} x_1 & x_2 \\ y_1 & y_2 \end{pmatrix} \neq 0$.

2×2行列の固有値と固有ベクトルおよび固有直線と固有平面

線型変換 $A=\begin{pmatrix} a & b \\ c & d \end{pmatrix}$ によって向きを変えず大きさが λ 倍される

ベクトルpを求める方程式は $Ap=\lambda p \Leftrightarrow (A-\lambda E)p=0$

である. そのようなベクトル $p(\neq 0)$ が存在するとき, 倍率 λ を行列Aの**固有値**, ベクトルpを固有値λに属する**固有ベクトル**, 原点を通り固有ベクトルの方向をもつ直線を**固有直線**, 2本の固有直線の張る空間を**固有平面**とよぶ. 行列Aの固有値λは, 方程式 $(A-\lambda E)p=0$ が $p\neq 0$ である解をもつ条件

$$\det(A-\lambda E)=\det\begin{pmatrix} a-\lambda & b \\ c & d-\lambda \end{pmatrix}=(a-\lambda)(d-\lambda)-bc$$
$$=\lambda^2-(a+d)\lambda+ad-bc=0 \cdots \text{**固有方程式**という}$$

から得られる. 固有値を $\lambda=\alpha$, β とおくと次がなりたつ.

(1) 固有直線は固有値が実数のとき実線で, $\begin{pmatrix} a & b \\ c & d \end{pmatrix}\begin{pmatrix} x \\ y \end{pmatrix}=\lambda\begin{pmatrix} x \\ y \end{pmatrix}$ より

$(a-\lambda)x+by=0 \Leftrightarrow cx+(d-\lambda)y=0$

両式は基本的に同値だが, 例外的に片方が無意味となることがあるので注意.

(2) 固有方程式の根と係数の関係より

$\alpha+\beta=a+d=\text{tr}A$ (対角和 trace), $\quad \alpha\beta=ad-bc=\det A$ (行列式)

(3) 固有方程式の実根条件は, 判別式

$\text{D}=(a+d)^2-4(ad-bc)=(a-d)^2+4bc=(\alpha-\beta)^2\geqq 0$

(4) 行列Aの固有値をα, βとすれば, A^nの固有値はα^n, β^nである. このとき固有ベクトルおよび固有直線は n によらず不変である. とくに

$A^n=E$ のとき $\alpha^n=\beta^n=1$ である. $\hspace{4cm}$ (2-1)

(5) $Y=BXB^{-1}$ のとき $|Y|=|X|$, $\text{tr}Y=\text{tr}X$. YとXの固有値は等しい.

問2-1 (1)前項(1)で, 固有直線の二つの式が同値であることを説明せよ.

(2)対角化の方法を用いて式(2-1)を証明せよ.

§2.1 線型平面と線型変換

線型平面と線型性

　集合内で元と元の足し算ができて，その和も元となる集合をベクトル空間または**線型空間**という．その正確な定義は線型代数の教科書を見よ．要するに一様均質な空間を個々のベクトルの集合としてみる見方である．

　線型座標平面は平面に斜交座標系を張ったものである．表裏対称線型平面は，いわば表裏両面が斜交x-y軸のグラフ用紙であるが，表面と裏面の対称性を担保する巧妙な仕組みがある．→P0 Minkowski表面・裏面図　→第3章

　線型平面上でベクトル p, q, r の関係が　$r=p+q$ のとき，連続関数 f が f(r)＝f(p)＋f(q)　をみたすなら，この線型関数fのもつ性質を**線型性**または**線型構造**という．この入力集合と出力集合が同型の足し算構造である線型関数 f は広くある．例えば図形の線対称変換や，点の座標変換はこれである．

図形変換と座標変換

　座標平面上の図形を行列Aにより線型変換(して移動)するとき，図形上の個々の点の変換が基本となる．点pを行列Aにより線型変換して点qに移動するとき　**図形変換** $q=Ap$ と表わす．座標系は平面の表裏に何枚も重ねて定義できる．以下，平面の仮の表面と仮の裏面を単に表面と裏面という．

　平面上に原点を合わせた二つの斜交座標系1，2を張る．平面上の一点Pに対する座標系1の座標をp (x_1,y_1)，座標系2の座標をq (x_2,y_2)とする．両者の関係は行列Bを用いて**座標変換** $q=Bp$，$\det B\neq0$ と表わす．表面と裏面の座標系を向き合う右手系で定義するとき，裏面の右手系は表面からは左手系である．裏返し変換(表面右手系→裏面右手系変換)のとき $\det B<0$ である．座標系1の座標軸をx_1-y_1，座標系2の座標軸をx_2-y_2とするとき，座標系1で表わした座標系2の座標軸の直線式を次に示す．　$B=\begin{pmatrix}a&b\\c&d\end{pmatrix}$ として　$q=Bp$ より

　　y_2軸： $x_2=ax_1+by_1=0$, x_2軸：$y_2=cx_1+dy_1=0.$

　平面上の図形を固定したまま座標変換Bを施し，次に図形に図形変換Aを施したとき，図形と座標系の関係が元の相対位置関係に戻れば，B, Aは変換・逆変換の関係（$AB=BA=E$）にある．座標変換の不変量よりなる定理は，図形変換でもそのままなりたつ．本書は主に座標変換の不変量や不変の性質を扱うが，考え方と表現の容易さから，座標変換の図形表示を，その逆変換であ

る図形変換表示で代用した．たんに線型変換というとき，図形変換か座標変換かは問わない．

関数の線型変換と不変関数の定義

座標平面上で関数 $f(p_1)=f(x_1,y_1)$ を行列 $A=\begin{pmatrix} a & b \\ c & d \end{pmatrix}$ により線型変換して関数 $g(p_2)=g(x_2,y_2)$ を得た．このとき関数 f と g の関係は，

$p_2=Ap_1 \Leftrightarrow p_1=A^{-1}p_2$ として，$f(p_1)=f(A^{-1}p_2) \equiv g(p_2)=g(Ap_1)$

がなりたつ．このとき両関数が同形：$g(p) \equiv f(p)$ であれば，

$\underline{f(p_1)}=g(p_2) \equiv f(p_2)=\underline{f(Ap_1)}$

がなりたち，不変関数の定義を得る．これはまさに**相対性原理の仕組**である．

→問2-3(3)

定義2-1 関数 $f(p)=f(x,y)$ が変換行列 $A=\begin{pmatrix} a & b \\ c & d \end{pmatrix}$ に関して不変であるとは，$f(Ap)=f(p)$ がなりたつことである．このとき $f(p)$ を行列Aがもつ**不変関数**または共変式という．また行列Aは不変関数 $f(p)$ をもつという．

直線の線型変換

直線 $f(p)=f(x,y)=ux+vy$ を行列 $A=\begin{pmatrix} a & b \\ c & d \end{pmatrix}$, $\det A \neq 0$ により変換する．$p_2=Ap_1 \Leftrightarrow p_1=A^{-1}p_2$ として

$f(p_1)=ux_1+vy_1=f(A^{-1}p_2)=[u(dx_2-by_2)+v(-cx_2+ay_2)]/(ad-bc)$
$=[(du-cv)x_2+(-bu+av)y_2]/(ad-bc) = g(p_2)$

がなりたつ．$g(p_2)$ は直線である．平行な2直線 $f(p_1)=h$, $f(p_1)=k$ は平行な2直線 $g(p_2)=h$, $g(p_2)=k$ に変換される．

また $f(kp_1)=k\,f(p_1)$ がなりたつので，線分の中点は変換後の線分の中点となる．即ち線型変換により線分比が保たれる．

例題 2-2 関数 $f(p)$ を $p_1\to$ 点(1,1)対称 $\to p_2\to$ π/2回転 $\to p_3\to$ 直線 $y=x/2$ 対称 $\to p_4\to$ 平行移動 $(-1,3)$ $\to p_5$ と逐次変換するとき，$f(p)=x-2y$ および $f(p)=(x+3/5)^2+(y-1/5)^2$ に対する変換後の関数 $g(p)$ を求む．

答 $p_3 = \begin{pmatrix} 0 & -1 \\ 1 & 0 \end{pmatrix} p_2$, $p_4 = \frac{1}{5}\begin{pmatrix} 3 & 4 \\ 4 & -3 \end{pmatrix} p_3$, $p_1 = \frac{1}{5}\begin{pmatrix} -4 & 3 \\ 3 & 4 \end{pmatrix} p_5 + \frac{1}{5}\begin{pmatrix} -3 \\ 1 \end{pmatrix}$ より

   $f(p_1)=x_1-2y_1=-2x_5-y_5-1=g(p_5)$,   および $f(p_1)=x_5{}^2+y_5{}^2=g(p_5)$

2次曲線の線型変換

   有心2次曲線 $g(p)=ux^2+vy^2+wxy$ はその判別式 $D=w^2-4uv$ の正・零・負により, 順に双曲線・2直線・楕円を表わす. ある有心2次曲線 $f(p)$ を行列 $A=\begin{pmatrix} a & b \\ c & d \end{pmatrix}$, $|A| \neq 0$ により変換して $g(p)$ を得たとすると,

   $p_2=Ap_1$, $g(p_2)=g(Ap_1)=f(p_1)$ であるから

   $g(p_2)=g(ax_1+by_1,cx_1+dy_1)=(ua^2+vc^2+wac)x_1{}^2+\cdots\cdots=f(p_1)$

となる. $f(p)$の判別式をとると, $D=|A|^2(w^2-4uv)$ となるので, 曲線の型は線型変換不変である. また $g(kp)=k^2g(p)$ がなりたつので, 有心2次曲線$g(p)$と$g(kp)$は原点を中心に相似で相似比はkである.

§2.2 2×2行列のもつ不変関数

1次不変関数

   行列 $B=\begin{pmatrix} a & b \\ c & d \end{pmatrix}$ のもつ1次不変関数を求める. 定義より1次不変関数を

   $f(Bp)=f(p)=ux+vy$ とおくと

   $f(Bp)=u(ax+by)+v(cx+dy)=ux+vy,$

      $\Leftrightarrow$ $[(a-1)u+cv]\,x+[bu+(d-1)]\,y=0$

がなりたつ. この式が任意のx,yでなりたつためには, u,vの連立方程式

      $\{ \quad (a-1)u+cv=0, \qquad bu+(d-1)v=0 \quad \}$ (2-2)

が自明解 $u=v=0$ 以外の解をもてばよい. その必要十分条件は

   $\det\begin{pmatrix} a-1 & c \\ b & d-1 \end{pmatrix}=(a-1)(d-1)-bc=0$

がなりたつことである. これは行列Bが固有値1をもつことと同値である.
行列Bの固有値を$1,\beta$とおけば

$1+\beta=a+d$ より $d-\beta=1-a,$ $1\beta=\beta=ad-bc.$

固有値 1に属する固有直線は不動点方程式 $Bp=p$ より

$f：(a-1)x+by=0$ ⇔ $cx+(d-1)y=0.$ ・・・**不動点直線**という

固有値 β に属する固有直線は $Bp=\beta p$ より

$g：cx+(d-\beta)y=\underline{cx-(a-1)y}=0.$ (2-3)

1次不変関数は式(2-2)より解 $u=c,$ $v=-(a-1)$ を f(p)に代入して

f(Bp)=f(p)=$\underline{cx-(a-1)y}$ ・・・1次不変関数を**不変直線**という

を得る. **不変直線群は, 固有値 β に属する固有直線 g と平行である.**

β の値により, 不変直線を分類する.

(1)行列Bが固有値 $1,\beta$ をもつとき, 不変直線が存在し

(1-1)$\beta\neq\pm1$ のとき, 不動点直線fと任意の不変直線 f(p)の交点をrとすると, 不動点方程式より $Br=r$, また点Bp, p, rは不変直線f(p)上にあるから, f(Bp)=f(p)=f(r)である. ベクトル$p-r$を固有値 β に属する固有直線上に平行移動すると,

$B(p-r)=\beta(p-r)$ ⇔ $Bp-r=\beta(p-r)$ (2-4)

がなりたつので, 不変直線f(p)上において, 不動点rを中心に点pと点Bpが倍率 β の変換関係にある. →図2-1(1)

(1-2)$\beta=1$ (重根) のとき, 不動点直線fと不変直線f(p)は平行である.

(1-3)$\beta=-1$ のとき →次項 「行列Bが固有値±1をもつとき」をみよ.

(2)行列Bが固有値1をもたないとき, Bは1次不変関数をもたない.

問 2-3(1) 方程式 $xy=1$ によって与えられる双曲線を C とし, また次のように, 行列$A=\begin{pmatrix} a & b \\ c & d \end{pmatrix}$ によって 1 次変換を定義する. $\begin{pmatrix} x_2 \\ y_2 \end{pmatrix}=A\begin{pmatrix} x_1 \\ y_1 \end{pmatrix}$

1 次変換が双曲線CをC自身の上へ写すための(a,b,c,dについての)必要十分条件を求める.

(2) 不変直線と不動点直線の違いを述べよ,

(3) 不変関数の定義 f(Ap)=f(p) からその意義を述べよ.

例題 2-4 (1)$B=\begin{pmatrix} 2 & 1/2 \\ 2 & 2 \end{pmatrix}$ および (2)$B=\frac{1}{3}\begin{pmatrix} -5 & 4 \\ -4 & 5 \end{pmatrix}$ の固有値 λ と

不変直線 f(Bp)=f(p)を求め，不動点直線 fと固有直線 gを図示せよ.

答 (1) $\lambda=1,3$, 不動点直線　　$f:y=-2x$　　　　　　不変直線：f(Bp)=f(p)=$2x-y$

　　(2) $\lambda=\pm1$, 不動点直線　$f:y=2x$　　　　　　不変直線：f(Bp)=f(p)=$x-2y$

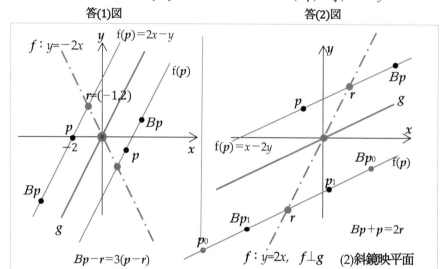

図2-1　不動点直線 fと固有直線 gと不変直線 f(p)

行列Bが固有値 $\lambda=\pm1$をもつとき→図2-1 (2)

　$\mathrm{tr}\,B=0$, $\det B=-1$ ⇔ $B^2=E$　がなりたつ. この関係を同値変形すれば

$$B=\begin{pmatrix} a & b \\ c & -a \end{pmatrix},\ \det B=-a^2-bc=-1,\ 固有値\ \lambda=\pm1 \tag{2-5}$$

を得る. 行列Bは次の 2 次不変関数をもつ. →次項 2次不変関数 (2-2)項

　$\phi(Bp)=\phi(p)=cx^2+by^2$

不動点直線 fと不変直線f(p)の関係は，両者の交点をrとして，式(2-4)より

　$\beta=-1$, $Bp-r=-(p-r)$　よって　$Bp+p=2r$

がなりたつ. これは不変直線 f(p)上で点pとBpの中点が不動点rであり，変換Bは不動点rを中心として，点pを点Bpに反転する(折返す)と解釈できる. このような反転変換B(固有値 $\lambda=\pm1$)を**斜鏡映変換**といい, この変換がなりたつ平

面を**斜鏡映平面**という．（→ §3.3）

問 2-5 ガリレイ変換 $G=\begin{pmatrix}1 & -v\\ 0 & 1\end{pmatrix}$，$xy$置換 $B=\begin{pmatrix}0 & 1\\ 1 & 0\end{pmatrix}$，鏡映変換 $M=\begin{pmatrix}-1 & 0\\ 0 & 1\end{pmatrix}$ がなりたつ平面について，不動点直線 f，不変直線 $f(p)$ を求め，どのような平面か述べよ．

2次不変関数

行列 $A=\begin{pmatrix}a & b\\ c & d\end{pmatrix}$ のもつ2次不変関数を求める．定義より2次不変関数を

$$\phi(Ap)=\phi(p)=ux^2+vy^2+wxy \qquad とおくと$$

$$\Leftrightarrow \phi(ax+by,cx+dy)=u(ax+by)^2+v(cx+dy)^2+w(ax+by)(cx+dy)=ux^2+vy^2+wxy$$

$$\Leftrightarrow [(a^2-1)u+c^2v+acw]x^2+[b^2u+(d^2-1)v+bdw]y^2$$
$$+[2abu+2cdv+(ad+bc-1)w]xy=0.$$

x^2, y^2, xy は任意だから，u, v, w の連立方程式がなりたつ．

$$\begin{pmatrix}a^2-1 & c^2 & ac\\ b^2 & d^2-1 & bd\\ 2ab & 2cd & ad+bc-1\end{pmatrix}\begin{pmatrix}u\\ v\\ w\end{pmatrix}=\begin{pmatrix}0\\ 0\\ 0\end{pmatrix}.$$

これが自明解 $u=v=w=0$ 以外の解をもつ必要十分条件は，係数を成分とする3次正方行列の，行列式=0 である．

$$行列式=(ad-bc-1)[(ad-bc+1)^2-(a+d)^2]$$
$$=(ad-bc-1)[(a-1)(d-1)-bc][(a+1)(d+1)-bc]=0.$$

（1）$|A|=ad-bc=1$ のとき，行列第1，2式より w を消去して，$|A|=1$ を適用すれば，$bu=-cv$．よって解は $u=-c, v=b$ となり，$w=a-d$ となるから

$$\phi(Ap)=\phi(p)=-cx^2+by^2+(a-d)xy.$$

このとき行列 A の恒等式が得られ，定理2-2を得る．

（2-1）$(a\pm1)(d\pm1)-bc=0$ 即ち 固有値 $\lambda=1$ または $\lambda=-1$ のとき，ただし $\lambda=\pm1$ ではないとき，$\phi(Ap)=\phi(p)=[cx-(a\pm1)y]^2$ がなりたつが，これは固有値 $\lambda=1$ または $\lambda=-1$ の固有直線の2乗である．

（2-2）$ad-bc+1=a+d=0$ 即ち 固有値 $\lambda=\pm1$ のとき，行列 $A=\begin{pmatrix}a & b\\ c & -a\end{pmatrix}$ は前頁「行列 B が固有値 $\lambda=\pm1$ をもつとき」に同じとなるが，次の2次不変関数

をもつ. 解を $w=(bu-cv)/a$ とおいて,

$$\phi(Ap)=-|A|\phi(p)=\phi(p)=aux^2+avy^2+(bu-cv)xy, \quad u,v\text{は任意数}$$

を得る. 特に xy 項を消すとき, $\phi(Ap)=\phi(p)=cx^2+by^2$ を得る.

(3) 上記以外のとき, 解はない.

定理2-2　2×2行列の恒等式と2次不変関数

行列 $A=\begin{pmatrix} a & b \\ c & d \end{pmatrix}$, 点 $p=\begin{pmatrix} x \\ y \end{pmatrix}$, 関数 $\phi(p)=-cx^2+by^2+(a-d)xy$ において

$$\text{恒等式} \quad \phi(Ap)\equiv|A|\phi(p)\equiv\phi(\pm|A|^{1/2}p)$$

がなりたつ. ここに $|A|=ad-bc$.

　とくに $|A|=1$ のとき, $\phi(Ap)=\phi(p)$ がなりたち, 行列 A は2次不変関数 $\phi(p)$ をもつ. このとき点 p と変換点 Ap は2次不変関数 $\phi(p)$ 上にある.

　$|A|\neq1$ のとき, 関数 $\phi(p)$ を行列 A の相対不変関数という.

例題 2-6 不変関数 $\phi(p)$ はその定数倍も恒等式をみたすことを証明せよ.

答 $\Phi(p)=r\phi(p)$ とおくと, $\underline{\Phi(Ap)=r\phi(Ap)=r|A|\phi(p)=|A|\Phi(p)}$

§2.3　2次正則行列の極形式と幾何的性質

公式2-3　2次正則行列の極形式

　対角行列を除く2×2正則行列 A より**特殊線型行列** S を定義する.

$$A=\begin{pmatrix} a_0 & b_0 \\ c_0 & d_0 \end{pmatrix}=|A|^{1/2}S, \quad |A|\neq0,$$

$$S=\begin{pmatrix} a & b \\ c & d \end{pmatrix}=\begin{pmatrix} m+hb & b \\ kb & m-hb \end{pmatrix}, \quad |S|=m^2-(h^2+k)b^2=1,$$

$$m=(a+d)/2, \quad k=c/b=c_0/b_0, \quad 2h=(a-d)/b=(a_0-d_0)/b_0, \quad b\neq0$$

において, 定理2-2より次の不変式がなりたつ.

$$\phi(Sp)=\phi(p)=-kx^2+y^2+2hxy. \tag{2-6}$$

$S_1=\begin{pmatrix} m_1+hb_1 & b_1 \\ kb_1 & m_1-hb_1 \end{pmatrix}$, $S_2=\begin{pmatrix} m_2+hb_2 & b_2 \\ kb_2 & m_2-hb_2 \end{pmatrix}$ とおくとき, 行列 S_1

, S_2, S_1S_2は共通の可換係数 k,hをもつ. $\varDelta = h^2 + k$ とおくと,

$$S_1S_2 = S_2S_1 = \begin{pmatrix} m_1m_2 + \varDelta b_1b_2 + h(m_1b_2 + m_2b_1) & m_1b_2 + m_2b_1 \\ k(m_1b_2 + m_2b_1) & m_1m_2 + \varDelta b_1b_2 - h(m_1b_2 + m_2b_1) \end{pmatrix}$$

がなりたつ. $\varDelta = h^2 + k$ は不変関数式(2-6)および行列 S の判別式であり, その正・零・負により, 順に双曲線・2直線・楕円を表わす. また

$m_0 = (a_0 + d_0)/2$ とすると, $|A| = a_0d_0 - b_0c_0 = m_0^2 - \varDelta b_0^2 \Leftrightarrow \varDelta b_0^2 = m_0^2 - |A|$

であり m_0^2と$|A|$の差の正負でAの型が判別される. AとSは同型である.

$$|S| = m^2 - (h^2 + k)b^2 = m^2 - \varDelta b^2 = 1 \quad \Leftrightarrow \quad \varDelta b^2 = m^2 - 1. \tag{2-7}$$

Sは$\varDelta = h^2 + k \neq 0$のとき, mと$\sqrt{\pm \varDelta}b$を偏角 θ で定義できる. よって対角行列を除く2次正則行列Aは, **線倍率** $|A|^{1/2}$と**偏角** θと**係数** k,h,b により

$$A = |A|^{1/2}S(\theta,k,h) \ \text{または} \ A = |A|^{1/2}S(b,h)$$

と表わされる. この表現を2次正則行列の**極形式**という. 不変関数の型により(1), (2), (3)に分類される. $S = E$のとき, 可換係数 k,hは不定となり, 任意の行列と可換である. Sが一般の対角行列のとき, 可換係数 k,hは不能となり, 一般の2次正則行列と可換ではない.

(1) $\varDelta = h^2 + k < 0$ のとき, $\phi(p)$は楕円, $|A| > 0$, 式(2-7)より$-1 \leq m \leq 1$である. 実数の偏角 (楕円角) θ が存在して, $m = \cos\theta$, $\sqrt{-\varDelta}b = \sin\theta$とおくと

$$S(\theta,k,h) = \begin{pmatrix} \cos\theta + \dfrac{h}{\sqrt{-\varDelta}}\sin\theta & \dfrac{1}{\sqrt{-\varDelta}}\sin\theta \\ \dfrac{k}{\sqrt{-\varDelta}}\sin\theta & \cos\theta - \dfrac{h}{\sqrt{-\varDelta}}\sin\theta \end{pmatrix} \qquad \text{楕円型}$$

$h = 0$, $k = -1$のとき, Sを回転変換という. このとき偏角 θ は回転角である.

(2) $\varDelta = h^2 + k > 0$ のとき, $\phi(p)$は双曲線である. $|A| = m_0^2 - \varDelta b_0^2$ の正負は決まらない. 式(2-7)より $m \leq -1$ または $1 \leq m$ である.

(2-1) $|A| > 0$のとき$|A|^{1/2}$とbは実数で, 偏角 (双曲角) θ が存在して, $m = \cosh\theta$, $\sqrt{\varDelta}b = \sinh\theta$とおくと

$$S(\theta,k,h) = \begin{pmatrix} \cosh\theta + \dfrac{h}{\sqrt{\Delta}}\sinh\theta & \dfrac{1}{\sqrt{\Delta}}\sinh\theta \\ \dfrac{k}{\sqrt{\Delta}}\sinh\theta & \cosh\theta - \dfrac{h}{\sqrt{\Delta}}\sinh\theta \end{pmatrix} \qquad \text{双曲型}$$

(2-1-1) $m=\cosh\theta \geq 1$ のとき，双曲角 θ は実数である．変換 S の作用は二分岐した双曲線の片一方にのみ推移するので**推移的**という．

(2-1-2) $m=\cosh\theta \leq -1$ のとき，θ に実数解はなく複素数となるが $S=-E(-S)$ $=\begin{pmatrix} -1 & 0 \\ 0 & -1 \end{pmatrix}\begin{pmatrix} -a & -b \\ -c & -d \end{pmatrix}$ と変形する．変換 $-S$ の極形式は前項(2-1-1)を準用し，$-S(\theta,k,h)$ とする．変換 S は変換 $(-S)$ を行った後に反転 $(-E)$ を行う．この変換 S の作用は二分岐した双曲線の一方から他方に反転飛躍するので**遷移的**という．→図2-2 双曲線 $p_0 \rightarrow q_1 \rightarrow q_2$

(2-2) $|A|<0$ のとき $|A|^{1/2}$，b は虚数で，θ は複素数となるが，その計算は(2-1)で与えた式を形式的に用いる．A は表面右手系→表面左手系の変換，または表面右手系→裏面右手系の変換(裏返し)である．$\phi(Ap) \equiv |A|\phi(p)$ だから，変換 A の作用は双曲線 $\phi(p)$ の漸近線を飛越えて共役双曲線 $-\phi(p)$ の領域に飛び移るので，この変換を**遷移的**という．

→図2-2 双曲線 $p_0 \rightarrow q_3$ および   →問2-11とその答を参照

θ の計算は i を虚数単位として，$e^{2\pi i}=1$，$e^{\pm\pi i/2}=\pm i$，$e^{i\pi}=-1$，$\cosh\theta+\sinh\theta=e^{\theta}$，$\cosh^2\theta-\sinh^2\theta=1$ を用いる．

(3) $\Delta=h^2+k=0$ 即ち $k=-h^2$，$|S|=m^2=1$ のとき，$m=\pm1$ であり，$\phi(p)$ は2直線 $\phi(p)=(hx+y)^2=r$ (点 p で定まる定数) である．b は偏角 θ に相当して

$$S(b,h) = \begin{pmatrix} m+hb & b \\ -h^2b & m-hb \end{pmatrix}, \quad m=\pm1 \qquad \text{直線型}$$

変換 S は，$m=1$ のとき推移的，$m=-1$ のとき遷移的である．

問 2-7 (1) 2×2行列の元が $b=0$ のとき，どのような考察が必要か．

(2) 極形式で k,h を固定したとき，$S(\theta,k,h)$ の偏角 θ は何を表わすか．

(3) 2×2行列の乗法の可換条件を求む．また可換行列の積は元の行列と可換であることを確認せよ．

問 2-8 $S(b,h)$ を分析せよ．

定理2-4　偏角の加法定理

　不変関数　$\phi(p) = -kx^2 + y^2 + 2hxy$　を共有する二つの2次正則行列の極形式 $A_1 = |A_1|^{1/2} S(\theta_1,k,h)$,　$A_2 = |A_2|^{1/2} S(\theta_2,k,h)$　の積において，倍率は両倍率の積となり，偏角は両偏角の和となる．

　　(1) $\varDelta = h^2 + k \neq 0$　のとき，　$\phi(p)$は楕円か双曲線で，次がなりたつ．

$A_1 A_2 = |A_1|^{1/2} S(\theta_1,k,h) |A_2|^{1/2} S(\theta_2,k,h) = |A_1|^{1/2} |A_2|^{1/2} S(\theta_1 + \theta_2,k,h)$,

$S(\theta,k,h)^r = S(r\theta,k,h)$,　rは実数

　　(2) $\varDelta = h^2 + k = 0$,　$m = 1^*$のとき，　$A_1 = |A_1|^{1/2} S(b_1,h)$,　$A_2 = |A_2|^{1/2} S(b_2,h)$ において，　$\phi(p)$は2直線であり次がなりたつ．

$A_1 A_2 = |A_1|^{1/2} |A_2|^{1/2} S(b_1 + b_2,h)$,　　　係数$h$は両行列共通

$S(b,h)^r = S(rb,h)$,　rは実数

　　　$*m = -1$のとき，　$S = -(-S)$とおいて，$(-S)$は$m = 1$のときに準ずる．

両行列は可換$(A_1 A_2 = A_2 A_1)$であり，共通の係数 k,h を**可換係数**という．

例題 2-9 (1) 加法定理を証明せよ．

　(2) 上記(2)の場合でm_1, $m_2 = \pm 1$とするとき，加法定理を求む．

答 (1) 可換特殊線型変換 $S_i = S(\theta_i,k,h)$, k,hは定数，m,nは整数とすると，

$S_2 S_1 = S_1 S_2 = S_3$ 即ち $S(\theta_2,k,h) S(\theta_1,k,h) = S(\theta_3,k,h)$である．$\theta_1 = -\theta_2 = \theta$とすると

$S(\theta,k,h) S(-\theta,k,h) = S(0,k,h) = E$．よって　$S(-\theta,k,h) = S(\theta,k,h)^{-1}$,　$S(-2\theta,k,h) = S(-\theta-\theta,k,h) = S(\theta,k,h)^{-2}$がなりたつ．ここで$\phi(S_2 S_1 p) = \phi(S_2 p) = \phi(S_1 p) = \phi(p)$　より，一般的に $S(\theta,k,h)^n = S(n\theta,k,h)$がなりたつ．$n = m_1 + m_2$として$n$を大きくとれば

$S(m_1\theta,k,h) S(m_2\theta,k,h) = S(\theta,k,h)^{n_1+n_2} = S(m_1\theta + m_2\theta,k,h)$,　$\therefore S_3 = S(\theta_3,k,h) = S(\theta_1 + \theta_2,k,h)$

がなりたつ．拡張すればnが有理数，無理数，複素数でもなりたつ．(S_1, S_2が推移的ではない場合も，双曲角を複素数にまで拡張すればなりたつことを確認せよ．**→問 2-11**

別解　$e^\theta = \cosh\theta + \sinh\theta$, $e^{i\theta} = \cos\theta + i\sin\theta$ より2項加法定理を導き，力ずくで $S(\theta_2,k,h) S(\theta_1,k,h) = S(\theta_1 + \theta_2,k,h)$を計算して導く．

(2) $S(m_1,b_1,h) S(m_2,b_2,h) = S(m_1 m_2,\ m_1 b_2 + m_2 b_1,\ h)$

2×2行列の幾何的性質

可換係数 k, h を固定する.2×2行列Aが座標平面上の点p_0を$q_1 = Ap_0 = |A|^{1/2}$ $S(\theta,k,h)\,p_0$ と変換するとき，相対不変関数$\phi(p)$を介して線倍率$|A|^{1/2}$と偏角 $\theta = \angle p_0Oq_1$が作用する.

$|A| > 0$,　$A = |A|^{1/2}S$,　$S = \begin{pmatrix} a & b \\ c & d \end{pmatrix} = S(\theta,k,h)$,　$|S| = 1$　とすると，定理2-2 より Sの2次不変関数　$\phi(p) = -kx^2 + y^2 + 2hxy$　において

　　恒等式　$\phi(Ap) \equiv |A|\,\phi(p) \equiv \phi(\pm|A|^{1/2}p)$, $\phi(Sp) \equiv \phi(p)$　　　　　(2-8)

がなりたつ．下図は $h = 0$ の例を示す.

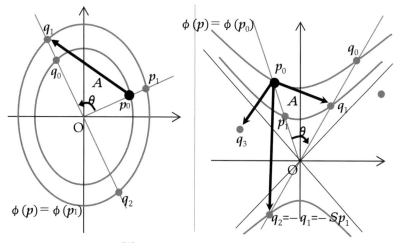

図2-2　　$q_1 = Ap_0$,　$\theta = \angle p_0Oq_1$

よって$\phi(p)$が楕円または双曲線のとき，$\underline{q_1 = Ap_0 = |A|^{1/2}S(\theta,k,h)p_0}$　より

$q_0 = Sp_0$(推移的*),　$p_1 = |A|^{1/2}p_0$,　$q_1 = Sp_1 = |A|^{1/2}q_0$,　$q_2 = -q_1 = -Sp_1$ (遷移的*),　$\phi(p_0) = \phi(q_0)$,　$\phi(p_1) = \phi(\pm q_1) = \phi(q_2)$ がなりたつ.

　　*推移的，遷移的は双曲線の場合.

例題 2-10 $A_1 = \begin{pmatrix} 2 & 3 \\ -3 & -4 \end{pmatrix}$, $A_2 = \frac{1}{\sqrt{3}}\begin{pmatrix} 2 & -1 \\ 1 & 1 \end{pmatrix}$のとき，$A_1{}^{1001}, A_2{}^{1001}$をそれぞれ求めよ. また $A_2{}^{-3/2}$を求めよ.

答 2-10 $A_1 = -\begin{pmatrix} -2 & -3 \\ 3 & 4 \end{pmatrix}$, $|A_1| = 1$, $k = -1$, $2h = 2$, $\Delta = 0$ よりA_1は直線型. $A_1{}^n = (-1)^n\begin{pmatrix} 1+nb & nb \\ -nb & 1-nb \end{pmatrix}$, $b = -3$, $n = 1001$

よって $A_1{}^{1001} = -\begin{pmatrix} 1-3003 & -3003 \\ 3003 & 1+3003 \end{pmatrix} = \begin{pmatrix} 3002 & 3003 \\ -3003 & -3004 \end{pmatrix}$

$|A_2| = 1$, $k = -1$, $2h = -1$, $\Delta = -3/4 < 0$ より A_2 は楕円型, $m = \cos\theta = \sqrt{3}/2$,

$\sin\theta = -1/2$, $\theta = -\pi/6$, $A_2(\theta) = \begin{pmatrix} \cos\theta - \sin\theta\big/\sqrt{3} & 2\sin\theta\big/\sqrt{3} \\ -2\sin\theta\big/\sqrt{3} & \cos\theta + \sin\theta\big/\sqrt{3} \end{pmatrix}$,

$A_2{}^{12} = E$, $1001 = 83*12+5$, $A_2{}^{1001} = A_2{}^5 = A_2(-5\pi/6) = \frac{1}{\sqrt{3}}\begin{pmatrix} -1 & -1 \\ 1 & -2 \end{pmatrix}$

$A_2{}^{-3/2} = A_2(-\frac{3}{2}\theta) = A_2(\pi/4) = \frac{1}{\sqrt{6}}\begin{pmatrix} \sqrt{3}-1 & -2 \\ 2 & \sqrt{3}+1 \end{pmatrix}$, 因みに $A_2(\pm\pi) = -E$ である.

問 2-11 可換係数 k, h を共有する行列 $A_1 = \begin{pmatrix} -\sqrt{3} & 1 \\ 2 & -\sqrt{3} \end{pmatrix}$, $A_2 = \begin{pmatrix} 1 & 1 \\ 2 & 1 \end{pmatrix}$,

$A_3 = A_1 A_2 = \begin{pmatrix} 2-\sqrt{3} & 1-\sqrt{3} \\ 2-2\sqrt{3} & 2-\sqrt{3} \end{pmatrix}$ について, それぞれの偏角を求め, $\theta_1 + \theta_2 = \theta_3$ を確認

せよ. また点 $\begin{pmatrix} 0 \\ 1 \end{pmatrix}$ が不変関数上をどう変換されて移動するかを確かめよ.

問 2-12 (1) $X^2 = \begin{pmatrix} 17 & 12 \\ 24 & 17 \end{pmatrix} = A_1$ (2) $X^4 = A_1$ (3) $X^4 = \begin{pmatrix} -1 & -1 \\ 1 & 0 \end{pmatrix} = A_2$ の実数解 X を求む.

問 2-13 懸賞問題とする.

(1) $A = \begin{pmatrix} -2 & -3 \\ 3 & 4 \end{pmatrix}$, $A^{-\frac{100}{3}}\begin{pmatrix} 1 \\ 1 \end{pmatrix} = \begin{pmatrix} x_1 \\ y_1 \end{pmatrix}$ を求む.

(2) $A = \frac{1}{2}\begin{pmatrix} -1+\sqrt{3} & 2\sqrt{3} \\ -\sqrt{3} & -1-\sqrt{3} \end{pmatrix}$, $A^{134^{1/4}}\begin{pmatrix} 1 \\ 1 \end{pmatrix} = \begin{pmatrix} x_2 \\ y_2 \end{pmatrix}$ を求む.

§2.4 2×2可換行列がつくる群

行列の逐次変換の合成と一般線型変換周回定理

　任意の点 p_1 を始点として, 一般線型変換行列 A_{ij} を逐次に n 回施して周回*する

とき(始点 p_1 に戻るとき), それらの変換の合成は恒等変換となる.

　　$A_{ij}p_i = p_j$, $|A_{ij}| \neq 0$, $i=1{\sim}n-1$ のとき $j=i+1$, $i=n$ のとき, $j=1$.

　　$A_{12}p_1 = p_2$, $A_{23}p_2 = A_{23}A_{12}p_1 = p_3$, $\cdots$, $A_{n1}A_{n-1\,n}\cdots A_{23}A_{12}p_1 = p_1$

　　よって $A_{n1}A_{n-1\,n}\cdots A_{23}A_{12} = E$ または $\Pi A_{ij} = E$.

　　A_{ij} は一般線型変換群**(非可換群)をつくる.

　　　*周回とは始点が行列群により逐次変換され, 最後に始点に戻ること.

　　　** 群の定義は線型代数の教科書をみよ.

定理2-5　可換特殊線型変換周回定理

　クラインの唱える幾何学の指導原理の逆は「図形の変換に対して不変関数が

存在すれば，それを軌道とする変換群が一つの幾何学をつくる」となる.

　共通の可換係数 k,h および2次不変関数 $\phi(p)$ をもつ，n個の可換特殊線型変換の極形式 $S_{ij} = \begin{pmatrix} a_{ij} & b_{ij} \\ c_{ij} & d_{ij} \end{pmatrix} = \begin{pmatrix} m_{ij}+hb_{ij} & b_{ij} \\ kb_{ij} & m_{ij}-hb_{ij} \end{pmatrix} = S_{ij}(\theta_{ij},k,h)$, $|S_{ij}|=1$, $m_{ij}=(a_{ij}+d_{ij})/2$, $k=c_{ij}/b_{ij}$, $2h=(a_{ij}-d_{ij})/b_{ij}$, $b_{ij}\neq0$, が逐次変換により周回するとき，次がなりたつ. Sの固有値は $\alpha,\beta=m\pm\sqrt{\Delta}b$, $\Delta=h^2+k$ だから

　　添字 ij は i=1〜n-1のとき j=i+1, i=nのとき j=1とする. **(以下同様)**

　　$\phi(S_{n1}p)=\cdots=\phi(S_{23}p)=\phi(S_{12}p)=\underline{\phi(p)=-kx^2+y^2+2hxy=r^2}$

　　$S_{n1}\cdots S_{34}S_{23}S_{12}=E$　　　　　積の順序は任意

　　$\theta_{n1}+\cdots+\theta_{34}+\theta_{23}+\theta_{12}=0.$　　　　mod 2π, 偏角の加法定理

式(2-1)より $n\to$大数 にして $n=m_1+m_2+m_3+\cdots$ と不等分割し，その極限を推量すれば

　　$\Pi\alpha_{ij}=\Pi(m_{ij}+\sqrt{\Delta}b_{ij})=\Pi\beta_{ij}=\Pi(m_{ij}-\sqrt{\Delta}b_{ij})=1,$　　$\Delta=h^2+k$

がなりたつ. 以上より可換係数k,hを共有する可換特殊線型変換 $S(\theta,k,h)$はθを変数として，2次不変関数 $\phi(p)$ を**軌道**とする可換特殊線型変換群(連続群)をつくり，$\|p\|=r$ をノルムとする等長変換*の幾何がなりたつ.

　　* 定義　$\|Sp\|=\|p\|=r$ がなりたつ変換Spを等長変換という.

系　$\phi(p)$が直線型のとき，極形式 $S(b_{ij},h)$について同様な定理がなりたつ.

　　$\phi(S_{n1}p)=\cdots=\phi(S_{23}p)=\phi(S_{12}p)=\underline{\phi(p)=(hx+y)^2}$

　　$S_{n1}\cdots S_{34}S_{23}S_{12}=E$　　　　　積の周回

　　$b_{n1}+\cdots+b_{34}+b_{23}+b_{12}=0$　　　加法定理

　　$\Pi m_{ij}=1$

問 2-15 (1) 定理2-5 $\Pi\alpha_{ij}=\Pi\beta_{ij}=1$を証明せよ.

(2)可換特殊線型変換群がなりたつ平面と，そこになりたつ幾何学はどのようなものか.

定理2-6　可換特殊等対角変換周回定理

可換特殊線型変換 Sにおいて，対角元が等しい $(a=d \Leftrightarrow h=0)$ とき，この

変換行列をとくに**可換特殊等対角変換**Fという.

共通の可換係数 k, $(h=0)$ と2次不変関数$\phi(p)$をもつ, n個の可換特殊等対角

変換行列の極形式 $F_{ij}(\theta_{ij},k) = S_{ij}(\theta_{ij},k,0) = \begin{pmatrix} a_{ij} & b_{ij} \\ c_{ij} & a_{ij} \end{pmatrix} = \begin{pmatrix} a_{ij} & b_{ij} \\ kb_{ij} & a_{ij} \end{pmatrix}$, $|F_{ij}(\theta_{ij},k)|$

$=1$, $k=c_{ij}/b_{ij}$, $b_{ij}\neq0$, が逐次変換により周回するとき, F_{ij}の固有値$\alpha_{ij},\beta_{ij}=a_{ij}\pm\sqrt{k}b_{ij}$

, $a=m$, $\Delta=k$ だから次がなりたつ.

$$\phi(F_{n1}p) = \cdots = \phi(F_{23}p) = \phi(F_{12}p) = \underline{\phi(p) = -kx^2+y^2=r^2} \quad 両軸対称$$
$$F_{n1}\cdots F_{34}F_{23}F_{12} = E \qquad F_{ij}は恒等変換Eを含むこと可$$
$$\theta_{n1}+\cdots+\theta_{34}+\theta_{23}+\theta_{12}=0 \qquad \mod 2\pi, \quad 偏角の加法定理$$
$$\Pi\alpha_{ij}=\Pi(a_{ij}+\sqrt{k}b_{ij})=\Pi\beta_{ij}=\Pi(a_{ij}-\sqrt{k}b_{ij})=1.$$

以上より可換係数 k, $(h=0)$ を共有する可換特殊等対角変換$F(\theta,k)$ は, 変換が推移的なとき, 2次不変関数$\phi(p)=-kx^2+y^2$を**軌道**とする可換特殊等対角変換群(連続群)をつくり, $\|p\|=r$をノルムとする等長変換の幾何がなりたつ.

$B=\begin{pmatrix} -1 & 0 \\ 0 & 1 \end{pmatrix}F$とするとき, $\phi(Fp)=\phi(Bp)=\phi(p)$もなりたつ. →第3章

問 2-16 (1)一般線型変換群に可換の条件を加えた可換一般線型変換周回定理を導け.

(2) 一般線型変換群に可換と等対角の条件を加えた可換一般等対角変換周回定理を導け.

問 2-17 次の可換行列の偏角を算出し, S_4を求め周回定理を確認せよ.

(1) $S_1=\begin{pmatrix} 1 & 1 \\ -2 & -1 \end{pmatrix}$, $S_2=\frac{1}{\sqrt{2}}\begin{pmatrix} 0 & 1 \\ -2 & -2 \end{pmatrix}$, $S_3=\frac{1}{\sqrt{2}}\begin{pmatrix} 2 & 1 \\ -2 & 0 \end{pmatrix}$, $S_1S_2S_3S_4=E$

(2) $T_1=\begin{pmatrix} \sqrt{3} & 2 \\ 1 & \sqrt{3} \end{pmatrix}$, $T_2=\begin{pmatrix} 3 & 4 \\ 2 & 3 \end{pmatrix}$, $T_3=\begin{pmatrix} 4+3\sqrt{3} & -6-4\sqrt{3} \\ -3-2\sqrt{3} & 4+3\sqrt{3} \end{pmatrix}$, $T_1T_2T_3=E$

§2.5 可換特殊線型変換群がつくる幾何

特殊線型変換Sは極形式$S=S(\theta,k,h)$をもつ. 定理2-5より可換係数k,hが定まった平面では, 可換特殊線型変換$S=S(\theta,k,h)$, $\det S=1$ がθを変数とする可換連続群をつくり, 次のような等長変換群の幾何がなりたつ.

(1)変換群Sは等長変換群である. 即ちSは2次不変関数$\phi(Sp)=\phi(p)=-kx^2+y^2+2hxy=r^2$をもち, pの**2次不変量** r^2およびノルム$\|p\|=r$ が定義される.

(2)二つのベクトルおよびそれらの和または差の2次不変量より内積が定義され, 内積と変換Sの極形式より, ベクトルの線型変換 $q=S(\theta,k,h)p$ をみたす偏

角 $\theta=\angle pq$ が定義される.

(3)変換群 S の2次不変量と偏角より外積が導かれる.

(4)同様に直交・面積などの不変量が導かれ，さらにこれら不変量による微分・積分してできる不変量を含め，変換不変量の様々な関係が変換しても変わらない普遍法則をつくり，これらの全体が等長変換群の幾何をつくる.

(5)以上に述べたことは，変換群 S の部分群である可換特殊等対角変換群 $F=S(\theta,k,0)$ においてもそのままなりたつ.

　以上，線型平面の**基底**を可換係数 k,h が定め，変換不変量が幾何をつくる.

定義2-7　2次不変量　$\phi(S_{ij}p)=\phi(p)=-kx^2+y^2+2hxy=r^2$,　r を半径という.

　ここに，可換特殊線型変換　$S_{ij}=\begin{pmatrix}a_{ij}&b_{ij}\\c_{ij}&d_{ij}\end{pmatrix}=\begin{pmatrix}m_{ij}+hb_{ij}&b_{ij}\\kb_{ij}&m_{ij}-hb_{ij}\end{pmatrix}$,

$\det S_{ij}=1$, $m_{ij}=(a_{ij}+d_{ij})/2$, $k=c_{ij}/b_{ij}$, $2h=(a_{ij}-d_{ij})/b_{ij}$, $b_{ij}\neq0$.

系　位置ベクトル p の**ノルム**を　$\|p\|=r$ と定める.

ベクトル p と $S_{ij}p$ のノルムは等しい(不変)ので，可換特殊線型変換群 S_{ij} およびその部分群の可換特殊等対角変換群 F_{ij} は，等長変換群である.

$$\phi(Sp)^{1/2}=\phi(p)^{1/2}=\|Sp\|=\|p\|=r,\ \det S=1$$

$$\phi(Fp)^{1/2}=\phi(p)^{1/2}=\|Fp\|=\|p\|=r,\ \det F=1$$

特に行列 F が回転変換のとき，ノルム r を**長さ**という.ノルムや長さのことを広く距離・間隔ということがある.変換群 S_{ij} の型が異なるとき，即ち k,h が異なる(平面の基底が異なる)とき，同じベクトル p でもノルム $\|p\|$ は異なる.ノルム $\|p\|=r$ は2次不変関数 $\phi(p)$ の広義の半径である.平面上の曲線の長さは，折れ線近似した微小ノルムの積分であり変換 S の不変量である.

　可換係数 k,h をもつ行列 A の相対不変関数を $\phi(p)$ とするとき，式(2-8)より

$$q=Ap=|A|^{1/2}Sp,\ |S|=1\ として\ \|q\|=|A|^{1/2}\|Sp\|=|A|^{1/2}\|p\|$$

がなりたつ.ただし $|A|>0$ とし，S は推移的とする.

二つのベクトルの2次不変量から内積を定義

可換係数 k, h の定まった線型平面では変換 $S = S(\theta, k, h)$ において二つのベクトルの関係 $q = Sp$, $\det S = 1$ より内積を定義する.

$p = (x_1, y_1)$, $q = (x_2, y_2) = Sp$, 特殊線型変換 S は推移的として

$$\| p \|^2 = \phi(p) = -kx_1^2 + y_1^2 + 2hx_1y_1$$

$$\| q \|^2 = \phi(q) = -kx_2^2 + y_2^2 + 2hx_2y_2$$

$$\| p+q \|^2 = \phi(p+q) = -k(x_1+x_2)^2 + (y_1+y_2)^2 + 2h(x_1+x_2)(y_1+y_2)$$

$$\therefore \quad \| p+q \|^2 = \| p \|^2 + \| q \|^2 + 2(\underline{-kx_1x_2 + y_1y_2 + h(x_1y_2 + x_2y_1)})$$

$$\text{または} \quad \| p-q \|^2 = \| p \|^2 + \| q \|^2 - 2(\underline{-kx_1x_2 + y_1y_2 + h(x_1y_2 + x_2y_1)})$$

よってベクトル p, q の内積 (p, q) の定義を得る.

定義2-8 内積 (p, q)

$$(p, q) = p \cdot q = -kx_1x_2 + y_1y_2 + h(x_1y_2 + x_2y_1)$$
$$= (\| p+q \|^2 - \| p \|^2 - \| q \|^2)/2 = (\phi(p+q) - \phi(p) - \phi(q))/2$$
とくに $h=0$ のとき, $(p, q) = p \cdot q = -kx_1x_2 + y_1y_2$

内積は可換係数 k, h の定まった平面の変換 S 不変量であり, 次の性質がある.

対称性 $(p, q) = (q, p)$

線型性 $(p+q, r) = (p, r) + (q, r)$

自乗性 $(p, p) = \phi(p) = \| p \|^2$, $\| p \|^2 = p^2$ と表わすことあり.

直交性 $(p, q) = 0$ のとき, ベクトル p, q は**直交**するという.

特に $h=0$ のとき, 直交 $(p, q) = 0$ $\Leftrightarrow$ $k = (y_1/x_1)(y_2/x_2) = m_1m_2$ がなりたつ. ここに m_1, m_2 は二つのベクトルまたは直線の傾きである.

例題 2-18 特殊線型変換 S により内積は不変 $(Sp, Sq) = (p, q)$ であることを示せ.

答 $\phi(Sp) = \phi(p) = \| p \|^2$, $\phi(S(p+q)) = \phi(p+q)$ であるから.

$$(Sp, Sq) = (\| Sp + Sq \|^2 - \| Sp \|^2 - \| Sq \|^2)/2$$
$$= (\| S(p+q) \|^2 - \| Sp \|^2 - \| Sq \|^2)/2 = (\phi(p+q) - \phi(p) - \phi(q))/2 = (p, q)$$

内積と偏角 θ の関係

係数 k, h の定まった平面において, 2×2 行列の極形式より $p = (x_1, y_1)$, $q =$

$(x_2,y_2)=Ap=|A|^{1/2}S(\theta,k,h)p$, 偏角 $\theta=\angle pq$ として，内積 (p,q) を計算する.

定理2-9 $(p,q)=-kx_1x_2+y_1y_2+h(x_1y_2+x_2y_1)$, $q=|A|^{1/2}S(\theta,k,h)p$ に楕円型および双曲型の極形式 $S(\theta,k,h)$ をそれぞれ代入して内積の偏角表現を得る.

行列 S が楕円型のとき $(p,q)=|A|^{1/2}\phi(p)\cos\theta=\|p\|\,\|q\|\cos\theta$

行列 S が双曲型のとき $(p,q)=|A|^{1/2}\phi(p)\cosh\theta=\|p\|\,\|q\|\cosh\theta$

定義   偏角 θ はベクトル p,q の交角を表わし，$S(\theta,k,h)$ が楕円型のとき楕円角を，$S(\theta,k,h)$ が双曲型のとき双曲角を，特に $k=-1,h=0$ のとき回転角を表わす.

$\cos\theta$，$\cosh\theta$ の特性より，次のコーシー-シュワルツの不等式および直交関係がなりたつ. S が楕円型のとき

$$-1\leq\cos\theta=(p,q)/\|p\|\,\|q\|\leq1,\quad (p,q)=\cos(\pm\pi/2)=0\quad 直交$$

S が双曲型のとき

$$1\leq\cosh\theta=(p,q)/\|p\|\,\|q\|,\quad (p,q)=\cosh(\pm i\pi/2)=0\quad 直交$$

またコーシー-シュワルツの不等式より，S が楕円型のとき

$$\|p+q\|^2=\|p\|^2+\|q\|^2+2\|p\|\,\|q\|\cos\theta$$
$$\leq\|p\|^2+\|q\|^2+2\|p\|\,\|q\|=(\|p\|+\|q\|)^2$$

ゆえに $0\leq\|p+q\|\leq\|p\|+\|q\|$ 三角不等式

S が双曲型のとき，同様に

$$\|p+q\|\geq\|p\|+\|q\|\geq0\qquad 逆三角不等式$$

がなりたつ.

ノルムと偏角から外積を導く

$\cos\theta$ から $\sin\theta$，$\cosh\theta$ から $\sinh\theta$ を求める.

$p=(x_1,y_1)$, $q=(x_2,y_2)=Ap=|A|^{1/2}Sp$, S の判別式を $\Delta=h^2+k$ として

$$\sin^2\theta=1-\cos^2\theta=(\|p\|^2\|q\|^2-(p,q)^2)/(\|p\|^2\|q\|^2)$$
$$=\underline{-\Delta(x_1y_2-x_2y_1)^2}/(\|p\|^2\|q\|^2)$$
$$\sinh^2\theta=\cosh^2\theta-1=\underline{\Delta(x_1y_2-x_2y_1)^2}/(\|p\|^2\|q\|^2)$$

次のように外積を定義する.

定義2-10 外積 $p \times q$

Sが楕円型のとき　$p \times q = \sqrt{-\Delta}(x_1 y_2 - x_2 y_1) = \|p\| \|q\| \sin \theta$

Sが双曲型のとき　$p \times q = \sqrt{\Delta}(x_1 y_2 - x_2 y_1) = \|p\| \|q\| \sinh \theta$

$p \times q$ はp, qのつくる平行四辺形の面積である. $p \times q$が正, 負のとき, 順に表面, 裏面の面積とする.

外積は変換不変量であり, 次の性質がある.

　表裏面積性　$p \times q = -q \times p$　　　　正負の符号は, 平面の表裏を表わす.

　線型性　$(p+q) \times r = p \times r + q \times r$

　平行性　$p \times q = 0 \Leftrightarrow p, q$は平行

平面の基底 k, h の物理的意味

　右手座標系を平面の表裏に張り, 原点を合わせる. 背面座標変換をB(裏返し変換だから $\det B < 0$)とする. 変換Bを右手系どうしの変換に裏返した変換Aは

$$A = MB = |A|^{1/2} S(\theta, k, h), \quad \text{ここに} \quad \det S = 1, \quad M = \begin{pmatrix} -1 & 0 \\ 0 & 1 \end{pmatrix}.$$

特殊線型変換Sは, 可換係数k, hをもつ. 共通の可換係数k, hをもつ変換群で変換される座標系群およびその逆変換である図形群が, 可換群の幾何をつくる. 平面の**基底**とは, 線型平面の対称性を規定する可換係数k, hのことである.

　→定理2-5, §3.3, P29 特殊等対角変換 Fの項, および §3.4 (1)を参照

　以上線型平面において, その基底となる可換係数k, hが存在し, 可換特殊線型変換群(等長変換群)がつくられ, その２次不変関数より２次不変量が定義され, ２次不変量よりノルム・偏角・内積・外積の変換不変量が定義され, さらに直交・面積・曲線の長さなどの変換不変量が導かれ, これらの関係が等長変換群の幾何の定理をつくる. 定理は当然, 同じ基底k, hをもつ平面において厳密になりたつが, 基底k, hを異にする平面においても同じ様な定理がなりたつ,
→第3章, →第4章

　次章では可換係数k, hと, 平面の対称性の関係を述べる.

第3章　　表裏対称線型平面の幾何構造

空間と面と線

定義　**空間**は3次元またはそれ以上であり，その断面が**面**である．**面**は空間の2次元部分空間であり，線の集合よりなる．**線**は面の1次元部分空間であり点の集合よりなる．**点**は次元をもたない．

§3.1　　線型直線の幾何構造

定義　線上の任意の点に対して反転不変の線を**線型直線**または**直線**という．

定理3-1 直線定理　直線は，その上で任意に並進*不変であり，線型性をもつ．

系1　　　直線はその性質として，向きをもつことができる．

系2　　　直線上のベクトルはその直線上で任意に並進*対称である．

　　　* **並進**とは平行移動のこと．**直線上の並進と，直線外への並進がある．**

問 3-1 定理3-1を証明せよ．

直線の等方性と一方性

　一本の線型直線に任意の数直線1，2を張り，それらの線型変換の関係を調べる．数直線を平行移動して両原点を合わせる．直線上の1点 P の座標値をそれぞれの数直線上でx_1，x_2とすると，$r \neq 0$として　$x_2 = rx_1$　$\Leftrightarrow$　$x_1 = r^{-1}x_2$　がなりたつ．両数直線が対等であるためには

　　　$r = r^{-1}$　$\Leftrightarrow$　$r^2 = 1$　$\Leftrightarrow$　$r = \pm 1$.

(1) $r = -1$ のとき，両数直線は任意に定める原点を中心に反転対称であり，直線は等方的である．ユークリッド幾何の直線がこれである．

(2) $r = 1$ のとき，両数直線は一致し，直線は一方的である．水銀柱温度計や時間直線がこれである．

(3) $r \neq \pm 1$ のとき，両数直線は相似である．例えば鉄道の路線では急行と鈍行では所要時間が異なるが，所要時間の数直線は相似的である．

§3.2 線型平面の幾何構造

定義 面上の任意の直線に対して反転不変の面を**線型平面**または**平面**という.

定理3-2 平面定理 平面は線型空間*である.

系1 平面は,その上の任意のベクトルにより並進不変である.

系2 線型平面上のベクトルは,任意の方向に並進対称である.

  * 線型空間の定義は教科書 (ベクトル空間の定義)をみよ.

問 3-2 (1)定理3-2と系を証明せよ.

(2)平行線と交わる直線がつくる同位角は等しいといえるか.

定義 アフィン平面は裏面を考えない線型平面である.

　片面線型構造のアフィン平面は,任意の斜交座標系を張って一般線型変換を定義することができ,その変換不変量が,一般線型変換群とその幾何(アフィン幾何*)をつくる.

  * アフィン空間およびアフィン幾何の詳細は,線型代数の教科書をみよ.

- 定理3-2と系により,平面上の図形は並進対称である.
- 平行線と交わる直線がつくる同位角は等しい. →問3-2 (2)

　§2.1と§2.2より,図形は一般線型変換 $A = \begin{pmatrix} a & b \\ c & d \end{pmatrix}$, $|A| = ad - bc \neq 0$ に対し次の不変量および不変な性質をもつ.

- 定数があれば,それは不変である.
- 直線は直線に変換され,直線上の線分比は不変である.
- n個の点とそれらの重心の関係は不変である.
- 2直線の交点の存否および平行性は不変である.
- 2次曲線の型(楕円型,双曲型,2直線型,放物線型)は不変である.
- 2次曲線と直線の交点および接点の関係は不変である.
- 一般線型変換周回定理は不変である.

例題 3-3 線型平面において,三角形ABCの中点連結定理を証明せよ.

答 辺AB,ACの中点をM,Nとする.各点の位置ベクトルを小太文字で表わせば

$m = (a+b)/2$, $n = (a+c)/2$, BC $= c-b$, $\therefore$ MN $= n-m = (c-b)/2 =$ BC/2, MN $/\!/$ BC.

§3.3　表裏対称平面の幾何構造

定義　表裏対称平面は表と裏の区別がつかない線型平面である.

　表裏対称線型平面*を俯瞰するとき, 基礎構造としての線型構造と, 上部構造としての表裏対称構造があり, それぞれの構造がもつ線型変換とその不変量が表裏対称線型平面の幾何をつくる.

　　　*本書は主に線型平面と線型直線を扱うので, 線型の語を省略する.

定義　斜鏡映平面は, 斜鏡映変換Bのもつ2本の固有直線 f,gの張る固有平面である. それは折返し線fと, それと直交する等方線gをもつ. 等方線gと平行な直線上の, 任意の点pは斜鏡映変換Bにより平行直線上の点Bpに変換され, それらの中点が折返し線f上にある. 平面は折返し線fを軸線として反転不変であり, 表裏対称である. →§2.2行列Bが固有値 $\lambda=\pm1$をもつとき→図3-1斜鏡映平面

定理3-3　表裏対称平面定理　表裏対称平面は, 背面座標変換として自由度2の斜鏡映変換をもつ. 一つの斜鏡映変換は2本の固有直線をもち, それらは原点を通る任意の方向の**折返し線**と, 原点で折返し線に直交する**等方線**である. 両固有直線は折返し線を軸線とする表裏対称の**斜鏡映平面**を張る. 斜鏡映変換とそれを裏返した特殊等対角変換は, 共通の2次不変関数を軌道とする等長変換群をつくり, 斜鏡映平面群を張る. それら変換群の変換不変量が表裏対称平面の幾何をつくる.

証明【平面定義より, 平面はその上の任意の直線に対して反転不変であるから, 表面に対応する反転平面即ち裏面をもつ. 平面の表裏に互いに右手系で向き合う斜交座標系を張り, 原点を合わせる. 背面座標変換を2×2行列Bで表わすと, Bは裏返し変換だから, $\det B<0$ である. ある一点の表裏対応点$p,\ q$は背面座標変換 $q=Bp$ と逆変換 $p=B^{-1}q$ の関係がなりたつ. 一般に$B\neq B^{-1}$であり, この違いで両面の区別がつく. 両面の区別がつかないとき, **表裏対称平面方程式**がなりたち

$$B=B^{-1} \Leftrightarrow B^2=E,\ \text{裏返し変換だから } \det B<0.$$

これを解いて, 自由度2の**斜鏡映変換**B を得る.

$$B=\pm\begin{pmatrix}-a & -b\\ c & a\end{pmatrix}*,\ \det B=-a^2+bc=-1,\ \text{固有値}\ \lambda=\pm1 \tag{3-1}$$

* 変数a,b,cの符号は任意に設定可能である．式(2-5)の設定と異なることに留意．

斜鏡映変換 B の二つの固有値に属する固有直線と，それらの張る固有平面を求める．反転解$-B$は後に扱う．

- Bは固有値 λ=1をもつので，不変直線 f(p)をもつ．式(2-3)で $a\to-a$ とおき

  f(Bp)=f(p)=$cx+(a+1)y$. \hfill (3-2)

- 固有値 λ=1 ⇔ 固有直線Bp=p の表わす不動点直線を**折返し線** f という．

  f：$cx+(a-1)y$=0. \hfill (3-3)

- 固有値 λ=−1 ⇔ 固有直線Bp=$-p$ の表わす反転直線を**等方線** gという．

  g：$cx+(a+1)y$=0. \hfill (3-4)

式(3-2)と比べると，不変直線群f(p)=s は等方線gと平行である．

- 点pが1本の不変直線f(p)=s 上にあり，点rが折返し線fと不変直線f(p)の交点であるとき，折返し線f上で Br=r, 不変直線上で f(Bp)=f(p)=f(r) がなりたつ．(→図3-1) ベクトル(p−r)を等方線g上に平行移動して

  $B(p-r)=-(p-r)$ ⇔ $Bp-r=-p+r$ ⇔ $Bp+p=2r$ \hfill (3-5)

がなりたつ．折返し点rは，点pと点Bpの中点であるので，不変直線f(p)は点rを中心に反転対称で等方的である．この変換Bの性質を図形反転変換という．折返し線fと等方線gは，両固有ベクトルの内積が $\dfrac{-c}{a-1}\dfrac{-c}{a+1}=\dfrac{c^2}{a^2-1}=\dfrac{c^2}{bc}=\dfrac{c}{b}=k$ であるので，直交しているが(→定義2-8 内積)，一般に見た目は直角ではない．斜鏡映変換Bのもつ固有直線 fとgが張る固有平面を**斜鏡映平面**という．これは折返し線fを軸にこれと直交する等方線gとそれに平行の不変直線群f(p)をもつ**半等方平面**である．斜鏡映変換Bがつくる，表裏の斜鏡映平面は反転(裏返し)対称である．

- 斜鏡映変換Bを裏返して右手系どうしの変換，**特殊等対角変換**Fを導く．

  $$F=MB=\begin{pmatrix}a & b\\ c & a\end{pmatrix}=\begin{pmatrix}a & b\\ kb & a\end{pmatrix},\ M=\begin{pmatrix}-1 & 0\\ 0 & 1\end{pmatrix},\ \det F=1, k=c/b, h=0,$$
  固有値 $\lambda=a\pm\sqrt{k}b$, 固有直線 $y=\pm\sqrt{k}x$, kは可換係数．

変換Fは，背面座標系x_2-y_2を鏡映変換Mによりx反転(x_F＝$-x_2$，y_F＝y_2)して，表面右手系x_F-y_F系とし，右手系どうしの座標変換Fとしたものである．

$q = Bp \Leftrightarrow \begin{pmatrix} x_2 \\ y_2 \end{pmatrix} = B\begin{pmatrix} x_1 \\ y_1 \end{pmatrix}$ の両辺にx反転変換Mを掛けて

$M\begin{pmatrix} x_2 \\ y_2 \end{pmatrix} = MB\begin{pmatrix} x_1 \\ y_1 \end{pmatrix} \Leftrightarrow \begin{pmatrix} -x_2 \\ y_2 \end{pmatrix} = F\begin{pmatrix} x_1 \\ y_1 \end{pmatrix} = \begin{pmatrix} x_F \\ y_F \end{pmatrix}$，ここに$F = MB$．

▪ **表裏対称条件は，a=d ⇔ 可換係数 h=0 に帰結する**．ゆえに変換Fは特殊線型変換 $S = \begin{pmatrix} a & b \\ kb & d \end{pmatrix} = S(\theta,k,h)$，det S=1 において h=0 ⇔ $F = S(\theta,k,0)$ としたものである．θは両座標y軸の交角で偏角とよばれ，楕円角または双曲角である．変換Fは表裏対称の2次不変関数をもつ．式(2-6)より

$$h=0, \quad \phi(Fp) = \phi(p) = -kx^2+y^2 \tag{3-6}$$

▪ 斜鏡映変換Bは，背面座標変換性$q = Bp$と表面の図形反転変換性 f(Bp)=f(p)，$Bp + p = 2r$の二面性をもつ．即ち表裏対称平面と斜鏡映平面は同値である．
▪ 図3-1は $B = \frac{1}{3}\begin{pmatrix} -5 & 4 \\ -4 & 5 \end{pmatrix}$，$k$=1，ミンコフスキー平面の場合を示す．

$p = \begin{pmatrix} -3 \\ -3 \end{pmatrix}$

図形反転変換
$Bp = q = \begin{pmatrix} 1 \\ -1 \end{pmatrix} = \begin{pmatrix} x \\ y \end{pmatrix}$
背面座標変換
$Bp = q = \begin{pmatrix} 1 \\ -1 \end{pmatrix} = \begin{pmatrix} x_2 \\ y_2 \end{pmatrix}$

$p = Bq = \begin{pmatrix} -3 \\ -3 \end{pmatrix}$
$p = Bq = \begin{pmatrix} -3 \\ -3 \end{pmatrix} = p$
$r = \begin{pmatrix} -1 \\ -2 \end{pmatrix} = (p+q)/2$
$\quad = \begin{pmatrix} -1 \\ -2 \end{pmatrix} = r$

*折返し線fはy軸とy_2軸との斜中線である．

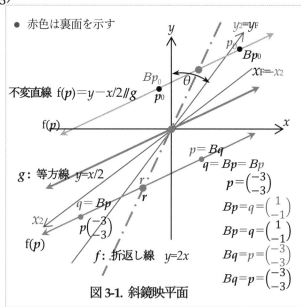

図 3-1. 斜鏡映平面

問 **3-4** 変換Bを裏返す場合，F＝$\pm MB$またはF＝$\pm BM$の違いを述べよ．

特殊等対角変換 F の極形式

■ 行列 S の極形式 (公式2-3) より行列 $F = S(\theta,k,0)$, $h=0$ の極形式を得る. 問 2-7(2)より, θ は座標変換の両y軸のつくる交角(偏角)である.

$$k<0\text{のとき} \quad F=\begin{pmatrix} a & b \\ kb & a \end{pmatrix} = \begin{pmatrix} \cos\theta & \sin\theta/\sqrt{-k} \\ -\sqrt{-k}\sin\theta & \cos\theta \end{pmatrix}, \quad \theta\text{は楕円角} \quad (3\text{-}7)$$

この行列 F を, 楕円変換とよぶ. とくに$k=-1$のとき行列 F を回転変換, 行列 B を鏡映変換, 行列 F と B を合わせて直交変換とよぶ.

$$k>0\text{のとき}, \quad F=\begin{pmatrix} a & b \\ kb & a \end{pmatrix} = \begin{pmatrix} \cosh\theta & \sinh\theta/\sqrt{k} \\ \sqrt{k}\sinh\theta & \cosh\theta \end{pmatrix}, \quad \theta \text{ は双曲角} \quad (3\text{-}8)$$

この行列 F を, ローレンツ変換とよぶ.

$$k=0\text{のとき}, \quad F=\begin{pmatrix} a & b \\ kb & a \end{pmatrix} = \begin{pmatrix} a & b \\ 0 & a \end{pmatrix}, \quad a=\pm 1. \quad (3\text{-}9)$$

この行列 F を, ガリレイ変換とよぶ.

■ 表裏対称平面になりたつ変換 $F = S(\theta,k,0)$ は, 定理2-6より可換係数 ($k=$実数, $h=0$) を基底とした**可換特殊等対角変換群**(連続群)をつくる. $B=MF$, $\phi(Mp) = \phi(p)=-kx^2+y^2$ だから斜鏡映変換Bと特殊等対角変換F, F^2は次に示すように共通の2次不変関数 $\phi(p)$ をもつ.

$$\phi(Bp)= \phi(M(Fp))= \phi(Fp)= \phi(p)=-kx^2+y^2,$$
$$\phi(F^2p)= \phi(F(Fp))= \phi(Fp)= \phi(p)=-kx^2+y^2. \quad (3\text{-}10)$$

平面の可換係数kを固定したとき, 行列 F, Bは, 自由度1をもち, 行列 F と B の任意の積は, 共通の不変関数 $\phi(p)$ の軌道上に閉じている. 例えば

$$\phi(BF^2\cdots B^{-1}F^{-1}p)= \phi(F^2\cdots B^{-1}F^{-1}p)= \phi(F\cdots B^{-1}F^{-1}p)$$
$$= \phi(B^{-1}F^{-1}p)= \phi(BF^{-1}p)= \phi(F^{-1}p)= \phi(p)=-kx^2+y^2. \quad (3\text{-}11)$$

かくして基底 $k=$実数, $h=0$ をもつ表裏対称平面になりたつ斜鏡映変換Bと特殊等対角変換Fおよびそれらの任意の積は, 2次不変関数 $\phi(p)=-kx^2+y^2=r^2$ を軌道とし, ノルムを $\|p\|=r$ とした等長変換群(連続群)をつくる.

$$\| Bp \|^2 = \| Fp \|^2 = \| p \|^2 = \phi(Bp) = \phi(Fp) = \phi(p) = r^2. \tag{3-12}$$

▪ 斜鏡映変換(背面座標変換)Bは，表面の点pを対応する裏面の点qに変換し，

$$q_1 = Bp_1, \quad q_2 = Bp_2. \tag{3-13}$$

また表面において図形変換Xが点p_1をp_2に変換する．裏面においても同様に図形変換Yが点q_1をq_2に変換するから

$$p_2 = Xp_1, \ \det X > 0, \ q_2 = Yq_1, \ \det Y > 0. \tag{3-14}$$

これらの4つの方程式から，次を得る．

$$q_2 = Yq_1 = \underline{Y B p}_1 = Bp_2 = \underline{BXp}_1. \tag{3-15}$$

点p_1は任意であり$B = B^{-1}$だから，次を得る．

$$YB = BX \Leftrightarrow BYB = X \Leftrightarrow BY = XB, \det Y = \det X > 0, \operatorname{tr} Y = \operatorname{tr} X \tag{3-16}$$

よって行列XとYは相似である．

式(3-16)$YB = BX$ に$B = M$ と $B = MF$をそれぞれ代入してもなりたつから

$$YM = MX, \quad \underline{YMF = MFX = MXF} \tag{3-17}$$

がなりたつ．第2辺と第3辺を比べて，$FX = XF$，同様に$FY = YF$である．右手系どうしの座標変換Fと図形変換X,Yは可換で同じ可換係数 k をもつ．

　$\det X = 1$のとき，変換B，F，X，Yおよびそれらの任意の積は，表裏両面において共通の2次不変関数

$$\phi(Bp) = \phi(Fp) = \phi(Xp) = \phi(Yp) = \phi(p) = -kx^2 + y^2 = r^2 \tag{3-17}$$

を軌道とし，ノルムを$\| p \| = r$とする**等長変換群の幾何**をつくる．

　$\det X > 0$のとき，定理2-2より変換B，F，X，Yは相対不変関数$\phi(p)$をもつ．

$$\phi(Xp) = \det X \phi(p) = \phi(Yp) = \det Y \phi(p),$$
$$\phi(Fp) = \phi(Bp) = \phi(p) = -kx^2 + y^2.$$

図形変換X，Yはたとえば $0.5E$や拡大回転変換などである．変換B，F，X，Yおよびそれらの任意の積は，相似を含む等長変換の幾何をつくる．

- 表裏対称平面方程式 $B = B^{-1}$ を解いて得られる折返し線 f, 等方線 g, 斜鏡映平面, 不変直線 $f(p)$, および2次不変関数 $\phi(p)$ はいずれも表裏同式である. とくに2次不変関数 $\phi(p)$ はその形まで表裏で重なり合う.

- 他方 $h \neq 0 \Leftrightarrow B \neq B^{-1}$ のとき, 平面は表裏非対称平面であり, 可換特殊線型変換 S は, 表裏非対称平面の幾何をつくる. →§3.4　　定理3-3 証明終□】

表裏対称平面方程式の反転解

表裏対称平面方程式 $B = B^{-1}$ は $-B = (-B)^{-1}$ がなりたつので, 解 B の反転解 $-B$ がある. 反転解 $-B = (-E)B$ では, 解 B を原点反転するので, $x_2\text{-}y_2$ 軸の向きが逆になる.

定理3-3 系　表裏対称平面の三つの型

表裏対称線型平面は, 原点回りの折返し線の方向と向きの存在領域より, 拡張ユークリッド平面, ミンコフスキー平面およびニュートン平面に分類される. 証明 【一つの斜鏡映変換 B に対して一つの特殊等対角変換 F と一つの斜鏡映平面が対応する. 問2-7(2)より偏角 θ は, 変換 F の表わす表面右手座標 y 軸どうしのつくる交角である. 偏角 θ が全実数をとるとき, 折返し線 f に代表される斜鏡映平面の存在領域は, 可換係数 k の正負により異なる.

(1) $k < 0$ のとき, 変換 F は楕円型である. 変換 $B = MF$ の極形式は式(3-7)より

$$B = \begin{pmatrix} -a & -b \\ c & a \end{pmatrix} = \begin{pmatrix} -\cos\theta & -\sin\theta/\sqrt{-k} \\ -\sqrt{-k}\sin\theta & \cos\theta \end{pmatrix}, \ b = \frac{1}{\sqrt{-k}}\sin\theta, \ c = kb \quad (3\text{-}19)$$

である. 折返し線 f と等方線 g は式(3-2), (3-3)より

$$
\text{折返し線 } f : y = \frac{-c}{a-1}x = \sqrt{-k}\frac{\sin\theta}{\cos\theta - 1}x = \sqrt{-k}\cot\frac{\theta}{2}\cdot x = ux \quad (3\text{-}20)
$$
$$
\text{等方線 } g : y = \frac{-c}{a+1}x = \sqrt{-k}\frac{\sin\theta}{\cos\theta + 1}x = \sqrt{-k}\tan\frac{\theta}{2}\cdot x = vx
$$
$$
\text{固有直線} f, g \text{の傾き} \quad -\infty < u < \infty, \ -\infty < v < \infty
$$

となる. 偏角 θ の半角が折返し線の方位を決める. 偏角 θ が全実数をとるとき傾き u, v も全実数をとる. ゆえに斜鏡映平面の折返し線 f が全方位に存在し, 従って斜鏡映平面も全方位に対等に存在するので, この型の平面は**全等方平面**である. この平面を**拡張ユークリッド平面**(楕円型平面)といい, 拡張ユークリッド

平面幾何がなりたつ．とくに $k=-1$ のとき，不変関数　$\phi(p)=x^2+y^2$ は円であり，直線 f と g が合同でそれらの交角が直角となるので，本来のユークリッド平面にユークリッド幾何がなりたつ．

(2) $k>0$ のとき，変換 F は双曲型である．変換 $B=MF$ の極形式は式(3-8)より

$$B=\begin{pmatrix} -a & -b \\ c & a \end{pmatrix} = \begin{pmatrix} -\cosh\theta & -\sinh\theta/\sqrt{k} \\ \sqrt{k}\sinh\theta & \cosh\theta \end{pmatrix}, \quad b=\frac{1}{\sqrt{k}}\sinh\theta, \; c=kb \qquad (3\text{-}21)$$

である．折返し線 f と等方線 g の直線式は式(3-2)式(3-3)より

$$\text{折返し線 } f：y=\frac{-c}{a-1}x=-\sqrt{k}\,\frac{\sinh\theta}{\cosh\theta-1}\,x=-\sqrt{k}\coth\frac{\theta}{2}\cdot x=ux \qquad (3\text{-}22)$$

$$\text{等方線 } g \;：y=\frac{-c}{a+1}x=-\sqrt{k}\,\frac{\sinh\theta}{\cosh\theta+1}\,x=-\sqrt{k}\tanh\frac{\theta}{2}\cdot x=vx$$

$$\text{漸近線：}y=\pm\sqrt{k}x. \qquad (3\text{-}23)$$

両漸近線により座標平面は四つの象限に分かれる．固有直線 f,g の存在領域は

$$\text{折返し線 } f \text{ の傾き } u \text{ は }\; -\infty<u<-\sqrt{k} \text{ および } \sqrt{k}<u<\infty, \quad \text{上下象限}$$

$$\text{等方線 } g \text{ の傾き } v \text{ は }\; -\sqrt{k}<v<\sqrt{k}, \qquad\qquad \text{存在領域は左右象限}$$

$$\phi(Bp)=\phi(Fp)=\phi(p)=-kx^2+y^2=\;r^2>0,\;\; k>0.$$

である．偏角(双曲角) θ が全実数をとるとき，斜鏡映平面の折返し線 f の方向は両漸近線の仕切る上下の四半象限に偏在し，不変関数即ち双曲線上の点は，変換 F により四半象限内の同一双曲線上の点に，折返し線 f を挟んで推移的に変換されるので，変換前後の斜鏡映平面の両座標 y 軸はその向きを揃える．故に折返し線 f は一方的な時間直線とみることができ，等方線 g はその等方性より空間直線とみることができ，両直線は半等方平面を張る．この折返し線 f が上下の四半象限に偏在する半等方平面の集合も**半等方平面**であるといえる．　この平面を**ミンコフスキー平面**といい，双曲型の平面幾何即ちミンコフスキー平面幾何がなりたつ．

　また $r^2<0$ のとき，x,y 軸の役割が交代して共役双曲線　$-\phi(p)=kx^2-y^2=-r^2>0$　が左右象限に存在し，折返し線の存在領域が左右象限に半反転するので，結局折返し線は全方位に存在し，即ち任意の方向に存在する．

(3) $k=0$ のとき，式(3-9)よりより，$B=MF=\begin{pmatrix} -a & -b \\ 0 & a \end{pmatrix}$，$a=\pm 1$，$\det B=-1$ を得る．

　　折返し線 $f : x=-b\,y/2$ ($a=1$のとき)，等方線 $g : y=0$ (x軸)，

　　不変直線 : f(Bp)＝f(p)＝y,

　　不変関数 : $\phi(Bp)=\phi(Fp)=\phi(p)=y^2$.(不変量)　　　　　　　(3-24)

　$y=t$(時間)としたとき，不変関数より時間が不変量となるが，ニュートンの絶対時間の思想に合致するので，これを**ニュートン平面**という．この平面は半等方的であり，斜鏡映平面群の空間軸($y=0$)は共有される．

　以上より，表裏対称平面の三つの型が証明された．→表3-1　□】

問 3-5 漸近線が折返し線となるとき，平面はどのように反転不変となるか．

表裏対称線型平面幾何の分類

　表3-1　　　　　表裏対称線型平面幾何の分類 (可換係数 $h=0$)

可換係数k	座標軸等方性	表裏対称線型平面座標軸の特性	表面変換(右→右)*表裏変換(右→左)	なりたつ幾何学
$k=-1$	空×空全等方	ユークリッド平面両軸合同・直角	回転変換鏡映変換	ユークリッド幾何
$k<0$	空×空全等方	拡張ユークリッド平面両軸相似・斜交	楕円変換斜鏡映変換	拡張ユークリッド平面幾何**
$k>0$	空×時半等方	ミンコフスキー平面両軸相似・斜交	ローレンツ変換斜鏡映変換	ミンコフスキー平面幾何，相対論
$k=0$	空×時半等方	ニュートン平面絶対時間	ガリレイ変換斜鏡映変換	ニュートン力学

　　* 右→右 とは右手系→右手系の変換のこと．

　　** ユークリッド幾何は拡張ユークリッド幾何に含まれる．

　表裏対称平面においては，§2.5で導いたベクトルpの2次不変関数，ノルム，内積，偏角，および外積について，$h=0$ とおいた各不変量が導かれる．

　　2次不変関数　　$\phi(Fp)=\phi(p)=-kx^2+y^2=r^2$，$p=\begin{pmatrix} x \\ y \end{pmatrix}$

ノルム ‖p‖＝r(半径),

定理2-9より 内積 $(p, q) = \begin{pmatrix} x_1 \\ y_1 \end{pmatrix} \cdot \begin{pmatrix} x_2 \\ y_2 \end{pmatrix} = -kx_1x_2 + y_1y_2,$

式(3-7)-(3-9)より 偏角＝θ, 楕円角または双曲角

定義2-10より 外積において $\Delta = h^2 + k = k.$

問 3-6 可換係数が $k<0$ である拡張ユークリッド平面の例をあげよ.

問 3-7 (1)拡張ユークリッド平面 (2)ミンコフスキー平面 (3)ニュートン平面の各平面上において, 変換B, Fの座標軸および不変関数を, それぞれ図示せよ.

表裏対称平面になりたつ公式

二つのベクトルp, qについて2次不変量に基づく次がなりたつ・

$$\|p-q\|^2 \equiv \phi(p-q) = \|p\|^2 + \|q\|^2 - 2(p,q) \qquad \text{余弦定理}$$
$$= \|p\|^2 + \|q\|^2 - 2\|p\|\|q\|\cos\theta \qquad (k<0 \quad \text{のとき})$$
$$= \|p\|^2 + \|q\|^2 - 2\|p\|\|q\|\cosh\theta \qquad (k>0 \quad \text{のとき})$$

ここで $(p,q)=0$ のとき, $\|p\|^2 + \|q\|^2 = \|p-q\|^2$ **ピタゴラスの定理**

$$\|p+q\|^2 \equiv \|p\|^2 + \|q\|^2 + 2\|p\|\|q\|\cos\theta \leq (\|p\| + \|q\|)^2$$
$$\therefore \quad \|p+q\| \leq \|p\| + \|q\| \qquad (k<0 \quad \text{のとき}) \qquad \text{三角不等式}$$
$$\|p+q\|^2 = \|p\|^2 + \|q\|^2 + 2\|p\|\|q\|\cosh\theta \geq (\|p\| + \|q\|)^2$$
$$\therefore \quad \|p+q\| \geq \|p\| + \|q\| \qquad (k>0 \quad \text{のとき}) \qquad \text{逆三角不等式}$$
$$\|p+q\|^2 + \|p-q\|^2 \equiv 2(\|p\|^2 + \|q\|^2) \qquad \text{パップスの中線定理}$$
$$\|p\|^2 - \|q\|^2 \equiv (p+q, \ p-q)$$

以上, 平面における一般線型変換, 斜鏡映変換, および特殊等対角変換の各不変量が表裏対称線型平面の幾何をつくる.

§3.4 表裏非対称平面の幾何構造

定義 表裏非対称平面は表と裏の区別がつく線型平面である.

表裏非対称平面が幾何をつくる条件は, 何らかの変換群がなりたつことである. 平面の表裏対称条件$B = B^{-1}$ の解のつくる幾何の条件は,

  $\det B = -1$ かつ $h = 0$

であるので，これらを部分否定したときになりたつ変換群を探してみる．
一般の背面座標変換 B $(B \neq B^{-1}, \det B < 0)$ について，次がなりたつ．

$$MB = A = |A|^{1/2} S(\theta,k,h), \ \det S = 1, \ \text{ここに} \ M = \begin{pmatrix} -1 & 0 \\ 0 & 1 \end{pmatrix}.$$

(1) $\det B = -1$ かつ $h \neq 0$ (定数) のとき
変換 $S(\theta,k,h)$ は可換特殊線型変換群をつくり，その2次不変関数 $\phi(p)$ は

$$\phi(Sp) = \phi(p) = -kx^2 + y^2 + 2hxy = r^2$$

である．このとき §2.5可換特殊線型変換群がつくる幾何 の節で述べた，ノル
ムを $\|p\| = r$ とする等長変換群の幾何がなりたつ．不変関数 $\phi(p)$ に xy 項が残る
ため，表裏で有心2次曲線 $\phi(p)$ の中心軸の傾きが異なる．例えば表面の楕円と
合同な裏面の楕円は，楕円軸の向きが左右に異なり，表裏が区別できる．この
平面は，時間(一方的)×時間(一方的)型の平面とみることができる．

(2) $\det B < 0$ かつ $h = 0$ のとき
$\det A > 0$ となるので，変換 $|A|^{1/2} S(\theta,k,0) = |A|^{1/2} F(\theta,k)$ は拡大縮小を伴
う表裏対称の幾何がなりたつ，$\det B = $ 一定 のとき表裏はガリバー型の世界と
なる．

本書は，これ以上は立入らない．

第4章　　時空平面の幾何

第3章では幾何学としての規約(seeds)の面から，表裏対称線型平面の幾何構造を調べたが，本章は現に存在する時空間の性質(needs)から規約を選択・適用して，図形の科学としての時空平面の幾何を築く．(→P73 公理の本性)

§4.1　宇宙と時空間と時空平面

宇宙空間には無数の点・直線・平面および慣性座標系などが潜在し，それらにはそれぞれの幾何があり，それらの間には美しい調和がある．例えば円筒面には円筒面幾何があり，球面幾何と平面幾何とのつながりがある．

ポアンカレは著書『科学と仮説』で空間の性質を次のように特定した．

空間は3次元，連続，無限，均質，全等方的*である．

* 全等方的とは同一点を通るあらゆる方向の直線は等方で互に対等なこと．

1次元の時間の性質もこれに準じて定め，時空間および慣性座標系を定義する．

定義　時空間は，森羅万象の宇宙から万物を取去って残る，時間と空間が一体となった空虚な4次元空間である．空間は連続であり，無限であり，均質であり，3次元でであり，そして全等方的である．時間は連続であり，無限であり，均質であり，1次元であり，そして一方的で不可逆である．時空間は線型空間である．

定義　時空平面は時空間の2次元断面であり，表裏対称である．

定義　慣性座標系は定速直線運動する時空座標系で，慣性系ともいう．

慣性系公理　時空間に慣性座標系が存在し，それぞれの慣性系は線型3次元の空間と線型1次元の時間からなる固有の4次元座標系をもつ．

定義　ユークリッド平面(空間×空間 平面)は，慣性系に固有な4次元時空間の，ある時刻における3次元空間の2次元断面である．2本の空間軸は対等で，互いに直交し，平面は全等方である．表裏対称線型平面に固有の可換係数は $k=-1$，$h=0$ である．

定義　ミンコフスキー平面(空間×時間 平面)　空間の一直線上を等速度運動する複数の慣性系には個々に空間x軸×時間t軸よりなる座標系があり，両軸は

直交する．個々の慣性系の空間1次元×時間 (時空 2 次元模型)よりなる平面の集合をミンコフスキー平面という．表裏対称線型平面に固有の可換係数は $h{>}0$ ，$h=0$ である．

慣性系において時間と空間を含む自然法則は，すべて空間×時間または(空間)³×時間または(空間)³の**右手座標系**により関係式を表現するものとする．時空平面は 4 次元時空間の時空2次元模型とみることができる．

時空平面には定理3-3系で論じた表裏対称線型平面の幾何の分類(表3-1)のうち，ユークリッド平面(空×空)とミンコフスキー平面(空×時)が該当する．即ち§6.3で論ずるように，最高普遍速度が無限大のニュートン平面は含まず，また拡張ユークリッド平面も，空間xy両軸が対等ではないことから，除外する．

ここではユークリッド幾何を拡張して，ミンコフスキー平面を含む時空平面の幾何を築く．

空間直線と時間直線

空間直線は等方的であり，時間直線は一方的である．(→§3.1)　時間直線や空間直線は線型直線の性質として任意に正向きをとることができる．例えば時間の数直線で未来を正向きとしても，負向きとしてもよいが，未来の方向はいずれの座標系からも未来とする．この線型性により自然の基本法則は時間反転不変かつ空間反転不変である．

§4.2　ユークリッド幾何の時空平面幾何への拡張

線型構造に基づく不変量は，ミンコフスキー平面とユークリッド平面は共通であるが，表裏対称構造に基づく2次不変関数が，数式は同形でも実形状は異なり，対応が必要である．§3.2節と§3.3節および§4.1節が出発点となり，『幾何原本』の定義・公準・命題の拡張と変更を行い，両平面で扱いを統一した時空平面の幾何とする．

- 「**角**」はすべて**偏角**に変更する．それはユークリッド平面のときは回転角を，ミンコフスキー平面のときは双曲角を表わす．
- 定理に角(θ)があるとき，ユークリッド幾何→ミンコフスキー幾何へは，
  $\theta{\to}i\theta,$　$\cos\theta{\to}\cos i\theta=\cosh\theta,$　$\sin\theta{\to}\sin i\theta=i\sinh\theta$　と置換える．

また　cosh $(i\pi/2)$=0,　cosh $(i\pi-\theta)$=$-$cosh θ,　sinh $(i\pi)$=0,　sinh $(i\pi-\theta)$=sinh θ.

▪ 証明は直線式, 1次不変関数, 2次不変関数, 変換行列などの数式で行う.

『幾何原本』の時空平面幾何への拡張

以下に『幾何原本』の主な改訂部分を示す.

定義Ⅰ-4　**直線**とはその上にある**点**について一様に横たわる**線**である.
変更　直線はその上にある任意の**点**に対して反転不変の線である.

定義Ⅰ-7　**平面**とはその上にある**直線**について一様に横たわる**面**である.
変更　平面はその上にある任意の**直線**に対して反転不変の面である.

定義Ⅰ-8　**平面角**とは平面上で交わり, 同一直線上にはない二つの線の間の傾きのことである.
変更　**平面偏角**とは, 座標平面上の2つの任意の単位位置ベクトル$p=(x_1,y_1)$, $q=(x_2,y_2)$ のつくる偏角$\theta=\angle pq$のことをいう. 偏角θは特殊等対角変換Fの極形式, $q=Fp=S(\theta,k,0)\,p$, det$F$=1　で定義される.

定義Ⅰ-10　直線が他の直線の上に立ち, 隣り合う角が互いに等しいとき, それぞれの角は**直角**であるといい, その直線は他の直線の上に**垂直**であるという.
変更　座標平面上の2つの単位位置ベクトル p, q の関係は特殊等対角変換をFとして, $q=Fp$　で定義され, それらの内積(p,q)は $(p,q)=-kx_1x_2+y_1y_2=0$ のとき, p,qは**直交**するという.
　ユークリッド平面の直交は$\angle$R=$\pm\pi/2$, $(p,q)=\cos(\angle R)=0$であり, ミンコフスキー平面の直交は$\angle$R=$\pm i\pi/2$, $(p,q)=\cosh(\angle R)=0$である.
直角・垂直はユークリッド平面において90°のことである.

定義Ⅰ-15　**円**とは周と呼ばれる一つの線の境界で囲まれた平面図形であって, その中にある一つの点から円周上の点に引かれた直線の長さがすべて等しいものである.
変更　**円***とは, 任意の点を原点として, 点p_1を通る有心2次曲線　　　$\phi(p)=$

$\phi(p_1)=-kx^2+y^2=r^2$ のことで，その曲線は円周とよばれる．原点から円周点 p_1 にひいた直線を半径とよび，それらはみな等しい**ノルム** (長さ)　$\|p\|=\|p_1\|=\phi(p)^{1/2}=r$　である．

　　　*円の用語を円($k=-1$)，双曲線($k>0$)を含む有心２次曲線 $\phi(p)$ に拡張する．

定義Ⅰ-24(追加)　二つのベクトルが合同とは，ベクトルのノルムと向きが等しいことである．二つのベクトルが等長とは，ベクトルのノルムが等しいことである．

定義Ⅰ-25(追加)　二つの三角形が合同とは，対応する三つの辺のノルムと三つの偏角がそれぞれ等しいことである．

五つの公準の定理化と証明

公準1　任意の点から任意の点へ直線を引くこと．

変更　定理化→座標平面の式で表現

直線定理【2点 $p_1(x_1,y_1)$, $p_2(x_2,y_2)$ を通る直線は

　　　　$(x_2-x_1)(y-y_1)=(y_2-y_1)(x-x_1)$　　　と唯一つに定まる．】

公準2　任意の直線を連続して延ばすこと．→不要

公準3　任意の中心と任意の半径の円を描くこと。

変更　→定理3-3 表裏対称平面定理．

公準4　すべての直角は互いに等しいこと．

変更　→直交の定義化【直交定義　$(p, q)=-kx_1x_2+y_1y_2=0$】

　公準4は亡羊として，何を主張したいのか明確ではないが，直角が位置と向きに依らないことは，並進対称と線対称および回転対称を示唆している．

問4-1 (1)公準4を用いた命題証明の例を『幾何原本』から複数指摘せよ．

　(2)ユークリッド幾何から拡張ユークリッド幾何への拡張を論ぜよ．

表4-1　　表 裏 対 称 平 面

空間(平面)名	ユークリッド平面 (空間平面)
平面の等方性	全等方平面 (空間×空間)
成り立つ幾何学	ユークリッド幾何
線型平面の不変変換 2元ベクトル p 表裏対称平面の不変変換 　R: 回転変換 　B: 鏡映変換(線対称変換) 　R, B併せて直交変換	並進不変　$Ep+r=q$,　$\mathrm{f}(Ep)=\mathrm{f}(q-r)$ $p=\begin{pmatrix} x \\ y \end{pmatrix}$, 座標系交角 θ (回転角) $R=\begin{pmatrix} a & b \\ -b & a \end{pmatrix}=\begin{pmatrix} \cos\theta & \sin\theta \\ -\sin\theta & \cos\theta \end{pmatrix}$ $B=\begin{pmatrix} -\cos\theta & -\sin\theta \\ -\sin\theta & \cos\theta \end{pmatrix}=B^{-1}$ $R=MB$,　$M=\begin{pmatrix} -1 & 0 \\ 0 & 1 \end{pmatrix}=RB$,　$B=MR$
平面基底(可換係数) 座標変換不変量 2次不変関数と不変量	$k=-1$,　$h=0$　(表裏対称平面) 長さr,　内積,　回転角 θ,　外積,　面積 $\phi(Bp)=\phi(Rp)=\phi(p)=x^2+y^2=r^2$
ノルム定義 2点p, qの距離の2乗	$\|p\|=\phi(p)^{1/2}=(x^2+y^2)^{1/2}=r$　長さ $\|q-p\|^2=\phi(q-p)=(x_2-x_1)^2+(y_2-y_1)^2$
内積　(p,q) 偏角　θ(回転角) シュワルツの不等式	$(p,q)=x_1x_2+y_1y_2=\|p\|\|q\|\cos\theta$ $\cos\theta=(p,q)/(\|p\|\|q\|)$ $-(\|p\|\|q\|)\leqq(p,q)\leqq(\|p\|\|q\|)$
単位円	$(x-x_0)^2+(y-y_0)^2=1$
直線　l_1,l_2 直角,　直交 直交偏角,　平角 平行　$l_1/\!/l_2$ 一致　$l_1=l_2$	$y=m_1x+r_1$,　$y=m_2x+r_2$ $(p,q)=x_1x_2+y_1y_2=0$,　$m_1m_2=k=-1$　直交 $\pm\pi/2$,　$\cos\pi/2=0$,　$\sin\pi=0$ $m_1=m_2$,　$r_1\neq r_2$ $m_1=m_2$,　$r_1=r_2$
余弦定理 三角不等式	$c^2=a^2+b^2-2ab\cos C$ $\|p+q\|\leqq\|p\|+\|q\|$
線分の合同,　三角形の合同	$q=Rp$,　$\|q_j-q_i\|^2=\|q_{ij}\|^2=\phi(Rp_{ij})$ $=\phi(p_{ij})=\|p_{ij}\|^2=\|p_j-p_i\|^2$

幾 何 の 比 較

ミンコフスキー平面 (時空平面)	備　　考
半等方平面 (空間×時間)	
ミンコフスキー平面幾何	表裏対称線型平面
並進不変　$Ep+r=q$,　$f(Ep)=f(q-r)$ $p=\begin{pmatrix}x\\y\end{pmatrix}$,　座標系交角 θ　(双曲角) $L=\begin{pmatrix}a&b\\b&a\end{pmatrix}=\begin{pmatrix}\cosh\theta&\sinh\theta/\sqrt{k}\\\sqrt{k}\sinh\theta&\cosh\theta\end{pmatrix}$ $B=\begin{pmatrix}-\cosh\theta&-\sinh\theta/\sqrt{k}\\\sqrt{k}\sinh\theta&\cosh\theta\end{pmatrix}=B^{-1}$ $L=MB$,　$M=\begin{pmatrix}-1&0\\0&1\end{pmatrix}=LB$,　$B=ML$	平行移動量 r 　幾何原本第1巻 公準4　直角は等しい L: ローレンツ変換 B: 斜鏡映変換
$k>0$,　$h=0$　(表裏対称平面) 時空距離r, 内積, 双曲角 θ, 外積, 面積	
$\phi(Bp)=\phi(Lp)=\phi(p)=-kx^2+y^2=r^2$	
$\|p\|=\phi(p)^{1/2}=(-kx^2+y^2)^{1/2}=r$ $\|q-p\|^2=-k(x_2-x_1)^2+(y_2-y_1)^2$	命題47　ピタゴラスの定理 $p=(x_1,y_1)$, $q=(x_2,y_2)$
$(p,q)=-kx_1x_2+y_1y_2=\|p\|\|q\|\cosh\theta$ $\cosh\theta=(p,q)\diagup(\|p\|\|q\|)$ $(p,q)\geqq\|p\|\|q\|$	偏角 θ (双曲角) 逆シュワルツの不等式
$-k(x-x_0)^2+(y-y_0)^2=1$	命題2　半径1の円
$y=m_1x+r_1$,　$y=m_2x+r_2$ $(p,q)=-kx_1x_2+y_1y_2=0$,　$m_1m_2=k$　直交 $\pm i\pi\diagup2$, $\cosh i\pi/2=0$, $\sinh i\pi=0$ $m_1=m_2$,　$r_1\neq r_2$ $m_1=m_2$,　$r_1=r_2$	2直線 原論公準4 原論公準5　平行線 原論公準1　直線
$c^2=a^2+b^2-2ab\cosh C$ $\|p+q\|\geqq\|p\|+\|q\|$	双曲余弦定理 逆三角不等式　命題20
$q=Lp$,　$\|q_j-q_i\|^2=\|q_{ij}\|^2=\phi(Lp_{ij})$ $=\phi(p_{ij})=\|p_{ij}\|^2=\|p_j-p_i\|^2$	

公準5　二つの直線と交わる直線の同じ側の内角の和が二直角より小さいならば，二つの直線を同じ側に伸ばしていけばいつかは交わること．

変更　定理化→線型平面の性質に基づく．

平行線同位角定理【2直線　$u_1x+v_1y+w_1=0$,　$u_2x+v_2y+w_2=0$　において $u_1v_2-u_2v_1\neq0$　のとき2直線は唯一つの交点をもつ．$u_1v_2-u_2v_1=0$　のとき2直線は平行である．このとき$w_1=w_2$であれば両直線は一致する．また一つの直線と交わる平行2直線において,それぞれの交点を挟む二つの単位ベクトルは同位角をなし，二つのベクトルの組は平行移動により等しい．この同位角は線型平面において等しい．(問3-2)　】

主要な命題と証明

　幾何原本にある主要命題についてユークリッド平面とミンコフスキー平面で共通の証明を試みる．座標原点をO，$OP=p=(x_1,y_1)$，$OQ=q=(x_2,y_2)$とする．

命題Ⅰ-4 (第Ⅰ巻命題4　△の二辺挟角合同) 二つの三角形において，二つの辺がそれぞれ等しく，その二辺に挟まれる角も等しいならば，底辺も等しく，等しい二辺に対する残りの角もそれぞれ等しく，二つの三角形は等しい．

証明【三角形の二つの辺p,qに挟まれる頂点を原点とするとき，余弦定理

$$\|q-p\|^2=\|q\|^2-2(p,q)+\|p\|^2$$

　が成り立つ．よって二辺のノルムと内積が決まれば残る一つの辺$(q-p)$のノルムが定まる．このとき内積 $(p,\ p-q)$, $(q,q-p)$はp,qにより定まるから，内積により定まる二つの偏角もp,qにより同様に決まる．二つの三角形において二辺のノルムとそれらの挟む偏角はそれぞれ等しいので，残りの一辺のノルムと両端の偏角がそれぞれ等しくなり，三角形は合同である．】

命題Ⅰ-5　二等辺三角形の底角は互いに等しい．

証明【前命題において,内積 $(p,\ p-q)=\|p\|^2-(p,\ q)$, $(q,q-p)=\|q\|^2-(q,\ p)$. ここで$\|p\|=\|q\|$，$(p,q)=(q,p)$だから底辺の二つの内積と偏角は等しい．】

命題Ⅰ-9　与えられた角を二等分すること．

証明【命題 I -5より, $((q-p), (p+q)/2)=(\|p\|^2-\|q\|^2)/2=0$だから, 底辺$(q-p)$と, 中点と頂点を結ぶ中線$(p+q)/2$は直交する. また $(p, (p+q)/2)=(q, (p+q)/2)$だから中線は頂角の2等分線である.】

命題 I -16〜25 三角形の辺と角の大小について, ユークリッド平面は三角不等式が, ミンコフスキー平面は逆三角不等式がなりたつので, 命題の結論は逆になる. またミンコフスキー平面では, 遷移的偏角(時間領域から空間領域に飛び越す直線のなす角)は複素数となるので偏角の大小命題は一般になりたたない.

命題 I -32 任意の三角形において, 一つの辺が作る外角はその二つの内対角の和に等しい. そして三つの内角の和は二直角に等しい.
証明【三角形ABCの対応する辺のベクトルをBC=a, CA=b, AB=c, $\|a\|=a$, $\|b\|=b$, $\|c\|=c$ とすると, $a+b+c=0 \Leftrightarrow -c=a+b$ である.
ミンコフスキー平面において

$\cosh A=(-b,c)/bc$, $\sinh A=((b,c)^2-b^2c^2)^{1/2}/bc=((a,b)^2-a^2b^2)^{1/2}/bc$ ← $-c=a+b$
$\cosh B=(-c,a)/ca$, $\sinh B=((a,b)^2-a^2b^2)^{1/2}/ca$
$\cosh C=(-a,b)/ab$, $\sinh C=((a,b)^2-a^2b^2)^{1/2}/ab$ より
$\cosh(A+B+C)=\{\cosh A(\cosh B\cosh C+\sinh B\sinh C)$
$+\sinh A(\sinh B\cosh C+\cosh B\sinh C)\}/(a^2b^2c^2)$ [↓ $\cosh i\theta=\cos\theta$ に留意]
$=[(-b,c)\{(c,a)(a,b)+(a,b)^2-a^2b^2\}+\{((a,b)^2-a^2b^2)((a,b)+(c,a))\}]/(abc)^2$
$=-(abc)^2/(abc)^2=-1=e^{i\pi}$,   よってA+B+C=$i\pi$ となり内角の和は二直角.
$i\pi$は平角だから   A+B=$i\pi-$C=外角 よって外角は内対角の和に等しい.

　ユークリッド平面においてもほぼ同様に $\cos(A+B+C)=-1$, よって
A+B+C=π となり内角の和は二直角である. 内対角の和も同様. 】
別解【三角形ABCにおいて, 辺BCの延長にD, 辺BAと平行に直線CE＝BA(EはA側)をとる. ベクトルの並進不変から BA＝CE, 同位角は等しいから(問3-2) ∠CBA＝∠DCE. 同様に錯角も等しく ∠BAC＝∠ACE となり, 内角の和は2直角である. 】

命題Ⅲ-3 円において, 中心を通る直線が中心を通らない弦を二等分するなら

ば直角に交わり，直角に交わっているならば二等分する．

証明【二つの半径p,qとする．弦PQ=$(q-p)$の中点は $(p+q)/2$，$\|q\|=\|p\|$ より $\|q\|^2-\|p\|^2\equiv((q-p),(q+p))=0$　よって　弦と中線は直交する．ここに $(p+q)$ は 弦に下した中線ベクトルの2倍である．逆も真である．　】

命題Ⅲ-18　直線が円に接しているとき，円の中心と接点を結ぶ直線は接線と垂直に交わる．

証明【円　$\phi(p)=-kx^2+y^2=\phi(x,y)$　における接線の傾きは　$dy/dx=kx/y=m_1$ 半径の傾きは　$m_2=y/x$，$m_1 m_2=k$　故に半径と接線は直交する．】

命題Ⅲ-20　円において，同じ弧を底とする中心角は円周角の二倍である．

命題Ⅲ-27　等しい円の等しい弧の上に立つ中心角と円周角は等しい．

命題Ⅲ-31　円において，半円内の角は直角である．

まとめて証明【円周上の3点P,Q,Rにおいて弧PQと反対側に頂点Rがあるとする．△OPQ,△OPR,△OQR は2等辺三角形であり底角をそれぞれα，β，γとする．三角形のPQR内角の和は2直角だから　$2\alpha+2\beta+2\gamma=\pi$　，頂角 $\beta+\gamma=\pi/2-\alpha=$一定 である．また中心角 $2\angle R-2\alpha=2(\beta+\gamma)=$頂角×2．このときPQが直径であれば△OPQは直線となり　$\alpha=0$．よって頂角=$\pi/2$．弧PQ上に頂点Rがあるときもほぼ同様．円周角が双曲角のときも同様に証明される．】

問4-2 命題Ⅲ-47 ピタゴラスの定理を証明せよ．

問4-3 ユークリッド平面とミンコフスキー平面において正弦定理を導け．

九点円の定理

　ユークリッド平面とミンコフスキー平面で共通の証明を試みる．

(1)重心定理：三角形ABCの各辺BC,CA,ABの中点を順にD,E,Fとする．三中線AD,BE,CFは一点G(重心)で会する．

(2)垂線定理：三角形ABCの各頂点から対辺に下ろした垂線の足を順にL,M,Nとする．三垂線AL,BM,CNは一点H(垂心)で会する．

(3)オイラー線定理：三角形ABCの外心O，重心G，垂心Hは一直線上にある．

付録1 ∞∞∞∞∞∞∞∞　　名　著　名　句　　∞∞∞∞∞∞∞∞∞∞∞∞

ユークリッド『幾何原本』BC300頃　より

公理2　等しいものに等しいものを加えれば，また等しい.

定義　　線とは幅のない長さである.

命題5　二等辺三角形の底角は互いに等しい.

ガリレイ『新科学対話』1638　より

定理2　静止から等加速度運動を以て落下する一つの物体によって通過される
べき距離は，それらの距離を通過するに要する時間間隔の平方に比例する.

自然という書物は数学という言語で書かれている.

ニュートン『プリンキピア』1687　より

定義Ⅱ　運動の量とは，速度と物質の量との相乗積を以て測られる.

法則Ⅰ　すべての物体は，それに加えられた力によってその状態が変化させられ
ない限り，静止あるいは1直線上の等速運動の状態をつづける.

定理30　もし球面上のすべての点に向かって，それらの点からの距離の自乗比で
減少する求心力 [引力] が働くならば，その球面の内部におかれた1粒子はそれ
らの力によって少しも引かれないであろう.

ポアンカレ『科学と仮説』1902　より

数学的方法は特殊から一般へと進む.

対象間の真の関連こそは我々の捉えうる唯一の実在である.

エーテルは無用だといふので放棄される日が何時かは来ることは勿論である.

仮説とは最も欠乏することのない資本である.

アインシュタイン　名言集　より

事物の整序に際して有用と認められた概念はとかく権威を帯びがちであり，その
起源は忘れられ，動かしがたい所与であるかのように受け取られやすい.

大切なのは，疑問を持ち続けることだ.

私たちの使命は，自然の中にある数学的な構造を見つけだすことだ.

一見してばかげていないアイデアは見込みがない.

(4)九点円定理：垂心Hと三頂点を結ぶ線分AH,BH,CHの中点をP,Q,Rとすれば，九点D,E,F, L,M,N, P,Q,Rは同一円周上にある.

証明

【外心Oより頂点A,B,CまでのベクトルをそれぞれOA＝a,OB＝b, OC＝cとする. 同様にベクトルOG＝ g, OH＝h, OK＝ k... (以下同様)と定める.

(1) OD＝ d＝（$b+c$）/2, AD=OD－OA=（b ＋c）/2－ a,
△EDG∽△BAGより　ED／BA=EG／BG=DG／AG=1／2，よって
　g=OA＋AG=OA＋AD×2/3= a+{($b+c$)／2－a}×2／3=（$a+b+ c$）／3
a, b, cは対称だから一点 gが重心である.

(2)AH⊥BCより　$(h-a)\cdot(c-b)=0$, $h\cdot c-h\cdot b-a\cdot c+ a\cdot b=0$
　BH⊥CAより　$(h-b)\cdot(a-c)=0$, $h\cdot a-h\cdot c-b\cdot a+ b\cdot c=0$
両式を加えて　$(h-c)\cdot(a-b)=0$　よって　CH⊥AB

(3) △OBCは二等辺三角形だからOD⊥BC. 直線BOと外接円の交点をSとするとBSは直径, 直角△CSBにおいて中点連結定理よりOD∥SC⊥BC, OD=SC／2, AH⊥BC, よってAH∥SC, また直角△ABSだからSA⊥AB, およびCH⊥ABより　CH∥SA, よって　四辺形AHCSは平行四辺形である.
AH=SC=2OD=2d=$b+c$, 垂心　h=OA＋ AH=a＋ $b+c$
重心 OG＝ g=($a+b+c$)／3 ∴ OH=h=3g がなりたち, OGHは一直線上.

(4) k＝ h/2とする. KD=$d-k$=($b+c$)/2－($a+b+c$)/2＝－a/2
点Pは垂心Hと頂点Aの中点だから　p=($h+a$)/2, KP=p－ k= a/2
同様にKE=－b/2, KF=－c/2, KQ=b/2, KR=c/2が定まる.
よって，DとP, EとQ, FとRはKに対して対称である.
∥a∥²=∥b∥²=∥c∥²,また垂線の足Lは直径DPをみる円周角だから, 直角三角形DPLにおいてKD=KL=KP.　同様にKE=KM=KQ, KF=KN=KR　よって九点はKを中心とし半径∥a∥／2の円周上にある.　】

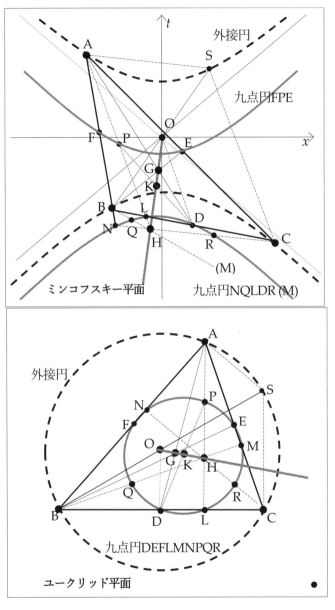

図 5-1 表裏対称平面における三角形, 外接円, 9 点円

第5章　　時空の対称性と相対性原理

§5.1　二つの慣性系の対称時空構造

慣性座標系(時空2次元模型)のミンコフスキー平面幾何への適用を論じる.

いま一直線g上を互いに定速度 v で遠ざかる二つの慣性系S1, S2を考える.
両慣性座標系は対等である. 二つの慣性系のそれぞれが 空間×時間 の右手座
標系から相手をみるとき, 相手系の速度および空間x軸の正向きは互いに逆の関
係にあるので, 両系はミンコフスキー平面の表裏に置いた 空間×時間 座標系
に相当する. 両慣性座標系の原点oを一致させる. 図5-1のミンコフスキー平面
において, S1の座標軸 x_1-t_1 は表面に, S2の座標軸 x_2-t_2 は裏面(赤色)にある.
定理3-3と系より, ミンコフスキー平面になりたつ背面座標変換は斜鏡映変換B
であり, 変換Bを右手系に裏返した特殊等対角変換F ($F=MB$) は, ローレ
ンツ変換L ($L=MB$, $k>0$)である. 座標系S2において, x_2軸を反転して作った
ローレンツ座標系x_L-t_LはS1座標系と同じ表面右手系である. 式(3-1)より

$$\begin{pmatrix} x_2 \\ t_2 \end{pmatrix} = B \begin{pmatrix} x_1 \\ t_1 \end{pmatrix}, \quad B = \begin{pmatrix} -a & -b \\ kb & a \end{pmatrix}, \text{ この両辺に, } M = \begin{pmatrix} -1 & 0 \\ 0 & 1 \end{pmatrix} \text{ をかけて,}$$

$$M \begin{pmatrix} x_2 \\ t_2 \end{pmatrix} = MB \begin{pmatrix} x_1 \\ t_1 \end{pmatrix}, \text{ ゆえに } \begin{pmatrix} -x_2 \\ t_2 \end{pmatrix} = \begin{pmatrix} x_L \\ t_L \end{pmatrix} = L \begin{pmatrix} x_1 \\ t_1 \end{pmatrix},$$

$$\text{ここに } L = MB = \begin{pmatrix} a & b \\ kb & a \end{pmatrix}, \quad \det L = a^2 - kb^2 = 1, \quad k > 0, \tag{5-1}$$

ローレンツ変換の展開式は　$x_L = ax_1 + bt_1, \quad t_L = kbx_1 + at_1.$

である. ここより話は表面右手座標系x_1-t_1, x_L-t_Lですすめる. 展開第1式より,
aは無単位係数であり, bは速度係数である. 表面x_1-t_1座標系において, S2の動
きは $x_1 = vt_1$ と表わされ, 一方t_L軸の式は $x_L = ax_1 + bt_1 = 0$ だから $v = x_1 / t_1 = -$
b/a となる. 第2式において, kは速度の2乗の逆数であり, 慣習上速度定数cを
用いて, $k = 1/c^2 > 0$ とおく. $\det L = 1$ だから, $a = (1 - v^2/c^2)^{-1/2} = \gamma \geq 1$を得る.

問5-1 ミンコフスキー平面と斜鏡映平面の違いは何か. 折返し線が傾いたときの, 斜鏡
映平面の図を描け. このとき変わらないものは何か.

$$L\begin{pmatrix}v\\1\end{pmatrix}=\begin{pmatrix}0\\1/\gamma\end{pmatrix}$$

$$L\begin{pmatrix}\gamma v\\\gamma\end{pmatrix}=\begin{pmatrix}0\\1\end{pmatrix}$$

$$L\begin{pmatrix}1\\0\end{pmatrix}=$$

$$\gamma\begin{pmatrix}1\\-v/c^2\end{pmatrix}$$

$$B\begin{pmatrix}v\\1\end{pmatrix}=\begin{pmatrix}0\\1/\gamma\end{pmatrix}$$

On the line

$$f:\ B\begin{pmatrix}3\\6\end{pmatrix}=\begin{pmatrix}3\\6\end{pmatrix}$$

$g:$

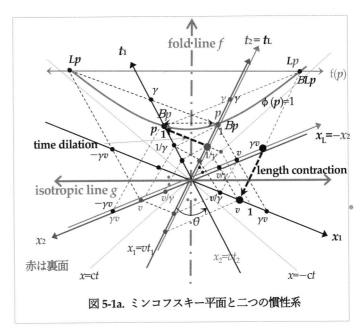

図 5-1a. ミンコフスキー平面と二つの慣性系

$$B\begin{pmatrix}6\\3\end{pmatrix}=\begin{pmatrix}-6\\-3\end{pmatrix},\quad x=ct\ \text{上}:\ B\begin{pmatrix}1\\1\end{pmatrix}=\begin{pmatrix}-1/3\\1/3\end{pmatrix},\ L\begin{pmatrix}1\\1\end{pmatrix}=\begin{pmatrix}1/3\\1/3\end{pmatrix}$$

従って，ローレンツ変換L とその斜鏡映変換Bは

$$L=\gamma\begin{pmatrix}1&-v\\-v/c^2&1\end{pmatrix},\ B=\gamma\begin{pmatrix}-1&v\\-v/c^2&1\end{pmatrix}=ML,\ \det B=-1,\ L\begin{pmatrix}0\\1\end{pmatrix}=\gamma\begin{pmatrix}-v\\1\end{pmatrix},$$
$$L^{-1}=\gamma\begin{pmatrix}1&v\\v/c^2&1\end{pmatrix},\ L^{-1}\begin{pmatrix}x_L\\t_L\end{pmatrix}=\begin{pmatrix}x_1\\t_1\end{pmatrix},\ \gamma=1/\sqrt{1-v^2/c^2}\tag{5-2}$$

を得る．x_2軸t_2軸のx_1-t_1座標系における表現式は

$$t_2\text{-軸}:x_2=\gamma(-x_1+vt_1)=0,\ x_1=vt_1$$
$$x_2\text{-軸}:t_2=\gamma(-vx_1/c^2+t_1)=0,\ t_1=vx_1/c^2.\tag{5-3}$$

不変関数 $\phi(p)=1$ の表現式は次となる．

$$\phi(BLp)=\phi(Lp)=\phi(Lp)=\phi(Bp)=\phi(Bp)=\phi(p)=\phi\begin{pmatrix}x_1\\t_1\end{pmatrix}$$
$$=\phi\begin{pmatrix}x_2\\t_2\end{pmatrix}=\phi\begin{pmatrix}x_L\\t_L\end{pmatrix}=\phi\begin{pmatrix}x\\t\end{pmatrix}=-x^2/c^2+t^2=1,\quad k=1/c^2>0.\tag{5-4}$$

図5-1は，図3-1(P32)と同じ$B=\frac{1}{3}\begin{pmatrix}-5&4\\-4&5\end{pmatrix}$ を表わし，$k=c=1, v=4/5, \gamma=5/3$ である．図5-1では折返し線fと等方線gを中央に十字線として描いている．

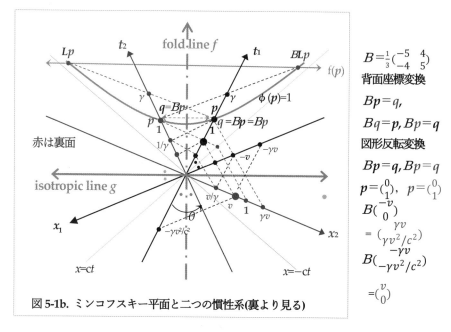

$$B = \frac{1}{3}\begin{pmatrix} -5 & 4 \\ -4 & 5 \end{pmatrix}$$

背面座標変換

$$Bp = q,$$

$$Bq = p, \quad Bp = q$$

図形反転変換

$$Bp = q, \quad Bp = q$$

$$p = \begin{pmatrix} 0 \\ 1 \end{pmatrix}, \quad p = \begin{pmatrix} 0 \\ 1 \end{pmatrix}$$

$$B\begin{pmatrix} -v \\ 0 \end{pmatrix}$$

$$= \begin{pmatrix} \gamma v \\ \gamma v^2/c^2 \end{pmatrix}$$

$$B\begin{pmatrix} -\gamma v \\ -\gamma v^2/c^2 \end{pmatrix}$$

$$= \begin{pmatrix} v \\ 0 \end{pmatrix}$$

図 5-1b. ミンコフスキー平面と二つの慣性系(裏より見る)

注. 51, 52 ページの図を，表面⇔裏面 の対応で透かして見ること.
また相手系の運動は，自分系から見てそれぞれ次式で表わされる.

$$S1 \to S2: x_1 = vt_1, \quad S2 \to S1: x_2 = vt_2, \quad S_L \to S1: x_L = -vt_L,$$

幾何学的な平行関係と折返し線f，等方線gは

x_1-軸 $/\!/$ Bp—Lp, $\quad x_2$-軸 $/\!/$ Bp—Lp
等方線 $g /\!/ p$—$Bp /\!/ Lp$—$BLp(= Mp)$
折返し線 f : $t_i = 2x_i$, 等方線 $g : t_i = x_i/2$, i=1,2. $f \perp g$

周回関係は $\quad p \to Lp \to BLp \to LBLp = Bp \to BLBLp = p \quad$ となる.

*図5-1で$q = Bp$ は図形反転変換を表わし，$q = Bp$は背面座標変換を表わすことに
留意. また変換Bの折返し線fと等方線g は垂直に描いてあるが，一般に任意の
二つの慣性系は，原点と不変関数$\phi(p)$上の2点を結ぶ2本の時間軸 t_1, t_2で表わされ
る. それらの中線である折返し線 f (反転軸線)は光錐内で傾きをもち，fとgは数
式では直交するが，図では一般に斜交する. このとき二つの慣性系は折返し線を
軸に数式上の反転対称性をもつ. →P92 Minkowski平面図参照

§5.2　相対性原理の淵源

最高普遍速度 c

これまでの論理の経過は

- 時空間の対称性即ち線型性，時空平面の表裏対称性，空間の等方性と時間の一方性よりミンコフスキー平面とローレンツ変換が求まった．(→第3章)
- 二つの慣性系の対称性は，ミンコフスキー平面の表裏対称に帰着する．

　よって可換係数 $k=1/c^2>0, h=0$ が，ミンコフスキー平面の基底として，上記の対称性を保証する．速度定数c は2次不変関数

$$\phi(Bp)=\phi(Lp)=\phi(p)=-kx^2+t^2=-x^2/c^2+t^2,\quad k=1/c^2$$

がもつ漸近線 $x=\pm ct$ の傾き($\pm c$)であり，全ての慣性系に共通の普遍定数として存在する．即ちすべての慣性座標系の時間軸tは，基準慣性系からローレンツ変換されて2次不変関数$\phi(p)$上に存在することから，また式(5-6)から，慣性系の速度vは $-c<v<c$ の範囲に存在する．よって速度定数cは慣性系の限界速度でもある．一方マクスウェルの電磁気法則では，慣性系において光速は真空中の定数であり，現在のところ自然界で観測される最高速度でもある．空間と時間をふくむ自然界において，ミンコフスキー平面の表裏対称性を保証する基底 ($h=0, k=1/c^2$)における速度定数cは，真空中の光速であり，また広く時空間の場の伝播速度であると結論される．ここに**光速度不変の原理**が帰結される．

速度加法則

　定理2-6 可換特殊等対角変換周回定理より，可換特殊等対角変換群

$$F_{ij}=S_{ij}(\theta_{ij},k,0)=\begin{pmatrix} a_{ij} & b_{ij} \\ c_{ij} & a_{ij} \end{pmatrix}=\begin{pmatrix} a_{ij} & b_{ij} \\ kb_{ij} & a_{ij} \end{pmatrix},\ \det F_{ij}=1,\ k=c_{ij}/b_{ij},\ 固有値\ \alpha_{ij},\ \beta_{ij}$$

$=a_{ij}\pm\sqrt{k}b_{ij}$について次がなりたつ．

$$\Pi\alpha_{ij}=\Pi(a_{ij}+\sqrt{k}b_{ij})=\Pi\beta_{ij}=\Pi(a_{ij}-\sqrt{k}b_{ij})=1.$$

ここに $k>0$，Fはローレンツ変換のとき，§5.1より $v=-b/a$，$k=1/c^2>0$ と置くことができる．これを上式に適用すると，一直線上を動くn個の慣性系について，慣性系iからjをみる速度をv_{ij}とすると，$a_{ij}+\sqrt{k}b_{ij}=\sqrt{k}a_{ij}(1/\sqrt{k}+b_{ij}/a_{ij})$ よ

り両辺を約分して

$$(c-v_{12})(c-v_{23}) \cdot \cdot \cdot (c-v_{n1}) = (c+v_{12})(c+v_{23}) \cdot \cdot \cdot (c+v_{n1}),$$

あるいは　$\Pi(c-v_{ij}) = \Pi(c+v_{ij})$　　　（表紙の式）　　　　　(5-5)

添字 ij は i=1～n-1のとき j=i+1, i=nのとき j=1とする.

がなりたつ. 式(5-5)の両辺に左辺を掛けると

$$(c-v_{12})^2(c-v_{23})^2 \cdot \cdot \cdot (c-v_{n1})^2 = (c^2-v_{12}{}^2)(c^2-v_{23}{}^2) \cdot \cdot \cdot (c^2-v_{n1}{}^2) > 0$$

となる. nが奇数でも偶数でもなりたつから, 右辺より

$$c^2-v_{ij}{}^2 > 0 \Leftrightarrow v_{ij}{}^2-c^2 = (v_{ij}-c)(v_{ij}+c) < 0,$$

よって　$-c < v_{ij} < c.$　　　　　　　　　　　　　　　　　(5-6)

これは前節の結論に沿うものである. v_{ij}は慣性系iが慣性系jをみる速度であり, cとの比として定義される. cは最高普遍速度であり, 慣性系の速度v_{ij} の限界を示す. n=3 のとき, 式(5-5)は

$$(c-v_{12})(c-v_{23})(c-v_{31}) = (c+v_{12})(c+v_{23})(c+v_{31})$$　　(5-7)

となるが, 変形すると

$$v_{13} = -v_{31} = (v_{12}+v_{23}) \diagup (1+v_{12}v_{23} \diagup c^2)$$　　　　(5-8)

を得る. これは速度合成定理(速度加法則)であり, 三つの慣性系の速度の関係式である.

問 5-2 (1) 式(5-8)から式(5-5)を導け.

(2) ガリレイ変換 $x_2 = x_1 - v_{12}t_1$　を補正した式 $x_2 = \gamma(v_{12})(x_1-v_{12}t_1)$　より, 式(5-7)を導け. ただし慣性系系1と2は対称であり, $v_{12}+v_{21}=0$, $\gamma(v_{12})=\gamma(v_{21})$　とする.

(3) 速度加法則をローレンツ変換から求めよ.

(4) 式(5-7)の対称性を論ぜよ.

相手慣性系の時空の縮小

式(5-3)より, x_1軸と x_2軸のつくる偏角は双曲角 $\theta = -1.0986$ である. 二つの慣性系の対称は $x_1 = vt_1$ と $x_2 = vt_2$ および, 座標軸x_1-t_1 と x_2-t_2 の傾きの表裏対称

により表現される. $\binom{x_1}{t_1} = L^{-1}\binom{x_L}{t_L}$ よりS_L時空系が, S1時空系ではγ倍に拡大されて対応し, また逆に $\binom{x_L}{t_L} = L\binom{x_1}{t_1}$ よりS1時空系が, S_L時空系ではγ倍に拡大されて対応することを示す. これは相手時空系が, 自分系では$1/\gamma(<1)$倍に縮小されて対応することを意味する. 遠くのものは互いに小さく見えることに似ている. 縮小は t_1 軸と t_2 軸の, また x_1 軸と x_2 軸の射影により引起こされる. $\gamma = 1/\sqrt{1-v^2/c^2} > 1$ として式(5-2)より

$$L^{-1}\binom{x_L}{t_L} = \binom{x_1}{t_1}\ \text{より,}\ \ L^{-1}\binom{0}{1/\gamma} = \binom{v}{1}\ \text{または}\ L^{-1}\binom{0}{1} = \binom{\gamma v}{\gamma}.$$

この座標変換をS2系の原点に静止する (S1系から見て動く) 時計の時間膨張 (**time dilation**：$1\to\gamma$) という. S2系の時間は, 同地点のS1系の時計(即ちS1系の時間)と比べてγ：1の比で遅れて対応する. また式(5-2)より

$$L^{-1}\,v\binom{\gamma}{-\gamma v/c^2} = v\binom{1}{0}\ \text{または}\ L^{-1}\binom{\gamma}{-\gamma v/c^2} = \binom{1}{0}.$$

この座標変換を動く棒の長さの収縮 (**length contraction**：$\gamma\to1$) といい, S2系の原点に固定される棒即ちS1系からみて動く棒は, S1系の同時断面ではγ：1の比に縮んで対応する. 図5-1で, 確かめられたい.

特殊相対性原理の淵源 (→P1 ポアンカレの遺題)

よく, 原理は証明できない, と言い張る頭の固い御仁がいるが, 例えばアルキメデスの原理は証明された. 点 p および座標軸 x_1-t_1, x_L-t_L は表面にあり, 点 $q = Bp$ は裏面に重なり, また裏面座標軸 x_2-t_2 はx_1-t_1と対称である. 慣性系 S1 から S2 をみた姿と, S2 から S1 をみた姿は同じであるから, 図5-1.で表からみた図と, 裏からみた図は同じである. この図では折返し線 f, 等方線 g, 不変直線 f(Bp)=f(p), 2次不変関数 $\phi(Bp) = \phi(Lp) = \phi(p) = -x^2/c^2 + t^2$, 漸近線$x = \pm ct$ は表裏同形で重なりあう.

図5-2　点p,qの表裏対応図

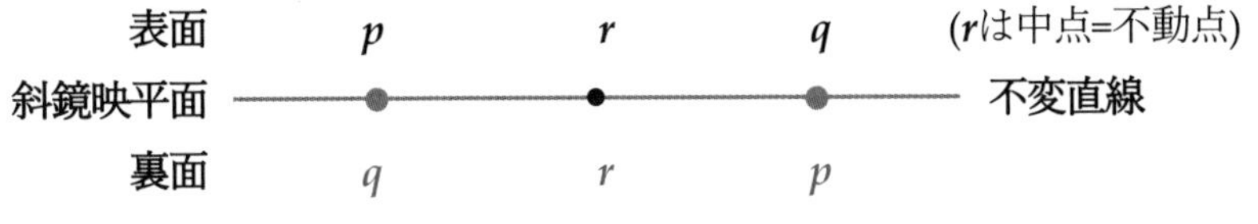

表面	p	r	q	(rは中点=不動点)
斜鏡映平面	●	●	●	不変直線
裏面	q	r	p	

$B=B^{-1}$ だから図3-1, 図5-2に示すように, 表面点 p は

p(表)$\to Bp=q$(表)$\to Bq=p$(裏)　　と裏面点pと対応し, 裏面点pは

p(裏)$\to Bp=q$(裏)$\to Bq=p$(表)　　と表面点pと対応する.

　　斜鏡映変換Bは, 背面座標変換$Bp=q$, $Bq=p$ と表面の図形反転変換$Bp=q$, f(Bp)=f(p), $p+Bp=2r$ の二面性をもつ.

　　かくして, **表面の座標平面と裏面の座標平面は, 完全に同等・対称である. 表裏の対称性を斜鏡映変換Bが保証している. これは直ちに相対性原理を意味する.** 即ち時空ベクトル $p=\binom{x}{t}$ よりなる自然法則は, 斜鏡映変換B共変であり, また$L=MB$ かつ自然法則はx反転不変だから, ローレンツ変換L共変である. 任意の二つの慣性座標系は, 平面の表裏の関係にあり, 両座標系の対称性により, 表面の座標系でなりたつ法則は裏面の座標系でも全く同様になりたつ. これはユークリッド平面になりたつ幾何学の定理が, 鏡映変換と回転変換に対して共変であり, 表裏同形であることと同じである. このように特殊相対性原理は, 斜鏡映変換Bがミンコフスキー平面の基底(h=0, k=1/c^2)を通して表裏対称性を保証することに因る.

ミンコフスキー時空図

　　ミンコフスキー平面において, 一方的な時間t軸と等方的な空間x軸よりなる平面を光錐により六つの領域に分割する. 図5-3はx_1-t_1を基準慣性系として描く. 任意の位置ベクトルはその存在位置により, 光錐で仕切られた領域, 即ち**時間的ベクトル**と**空間的ベクトル**と光錐上の**光的ベクトル**に分類される. 時空ベクトルはローレンツ変換で2次不変関数$\phi(p)$上を推移的に移動する. 時

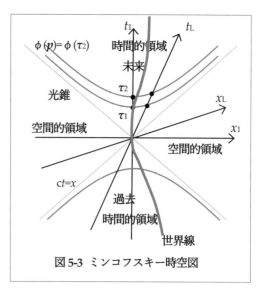

図 5-3　ミンコフスキー時空図

間的ベクトルは，未来は未来に過去は過去の時間的領域に変換され，空間的ベクトルは空間的領域に，光的ベクトルは光錐上に変換される．

$$\phi(Bp)=\phi(Lp)=\phi(p)=-x^2+c^2t^{2*}=-x_1^2+c^2t_1^2=-x_L^2+c^2t_L^2$$

  *不変関数は定数倍可

二つの時間的領域：　$\phi(p)>0$　　　$t<0$：過去　　　$t>0$：未来

二つの空間的領域：　$\phi(p)<0$　あるいは　$-\phi(p)>0$,　　左：$x<0$,　右：$x>0$,

二つの漸近線：光錐　$\phi(p)=0$　⇔　$ct=\pm x$

　ミンコフスキー空間で質点の辿る軌跡を**世界線**という．原点を通る全ての物理的事象は時間的領域で進行する．任意の時空点を原点にとることができる．時間の不可逆性により，時間的領域では因果律がなりたつ．

§5.3　異なる慣性系の同時の不一致

花火の開花の同時の不一致

　湖上花火大会を想定しよう．静かな湖面上に直線ABがあり，線分ABの中点をOとする．甲乙丙はそれぞれ舟から花火を見物している．いま丁度風もなく，満天の星である．湖面上甲は点Oに，丙は点Cに静止している．

図5-4では，直線$\overrightarrow{AB}$を甲および丙のx軸とし，点Oを原点，Oを通る時間 t軸を c倍したct軸として時空両軸を垂直に描く．甲の同位置線は ct軸であり，同時線はx軸である．点A,Bは原点の対称点である．

　　$OA=OB=OD=x_0=ct_0$,

　　点A$(-x_0,0)$,　点B$(x_0,0)$,　点D$(0,ct_0)$,　点C$(-vt_0,0)$.

　いま甲からみて点A,Bで同時に花火が開花*し，中点Oに静止する甲に同時($t=0$)に光が届いた．甲は，**光速の等方性**より花火A,Bの開花の瞬間は同時刻($t=-t_0$)であったと認識する．甲の同時線はx軸である．

　　*水面上1mに仕掛けられた花火玉は，その場で半球状に開花し，湖面に映る．

一方丙は湖面上の点Cに静止して花火を見物している．丙は，Aからの花火を先に，Bからの花火を後に見たと認識する．丙が花火の開花を同時に見るためには，Bの開花が早くなくてはならない．　Bの方が遠くにあるからである．

いま乙の乗る舟が定速 $v>0$ でA→O方向に進みつつあるが，時刻 $t=-t_0$ に直線AB上の点Cにあって，奇しくも時刻 $t=0$ に点Oに到達した時に両花火の開花の瞬間を見た．このとき甲と乙は，危うくすり抜けることができた．

花火の光　A→D　　　$ct=x+x_0$,

花火の光　B→D　　　$ct=-x+x_0$,

乙の動き　C→D　　　$ct=(c/v)\,x+x_0$.

乙にとって花火A,Bの開花時刻が同時であるか否かは甲と異なる．なぜなら乙にとって，CA＜CBであり，遠くのBの方が早く，近くのAの方が遅く花火が開花したからこそ，点Oで同時に両花火を見たと認識する．慣性系乙に静止する乙は両者の光がOで出会う間にC→Oに移動しているから，もし花火の開花がA,Bで同時であるとすれば，乙にとって光速の等方性が破れることになる．

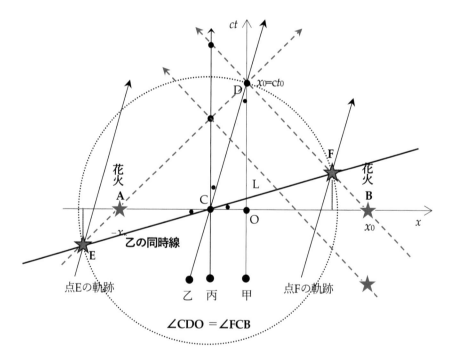

図5-4　乙の同時線EFの傾き

甲にとって花火A,Bが同時に開花したと言う認識が，乙にとっては遠くのBが先に，近くのAが後に開花したと認識する．甲と乙の開花の時刻は一致しない．

乙の同時線の傾き

では乙にとって開火が同時とはどういう状態であろうか．運動する慣性系乙の同位置線CDに静止する乙を中心に等距離の点で花火が同時に開花すれば，光速の等方性により花火が同時に乙に届き，同時に花火が開花したと認識するであろう．中心Cとし半径CDの円を描く．慣性系乙にとっても光速cは最高普遍速度であり，宇宙空間を甲と同一の軌跡を描くから，花火開花の時空点Eは光線DA線上にあり，時空点Fは光線DB線上にあり，CE／CD＝CF／CD＝1である．直線ECFは同時線で CE＝CF である．式で示すと

$$CE＝CF＝CD, \quad ∠ODF ＝∠OBF＝45°.$$

二等辺三角形CDFの底角は等しいことから，

$$∠CDO ＋∠ODF ＝∠FCB ＋∠OBF(補角), \quad ∴∠CDO ＝∠FCB.$$

よって直線EFは $ct=(v/c)x+(v/c)^2 x_0$

と表わされる．乙にとって同時線が前のめりに傾くことで，光速の等方性が維持されるのである．

甲の同時線（x軸AB）と比べて乙の同時線（x軸EF）は，前方がより近くなる分右肩上がりとなるのである．結局，甲・乙は時空を共有するが，それぞれ固有の時間軸と空間軸をもつ．

§5.4　時間の矢

「時間は未来の方向だけに進み，その逆には進まない」のはなぜか．これは物理学の難問の一つとされる「時間の矢」の問題である．基礎物理法則は，空間と時間について反転不変であるのに，現実に起こる物理現象は，時間については一方の方向にしか進まないのはなぜか，という疑問である．

時間と空間のスカラー場やベクトル場で記述される物理法則が，時間と空間にそれぞれ反転対称にできているのは，物理法則が線型空間に立脚しているか

らである．線型空間は単位目盛が等間隔に規則正しく並ぶ空間であるが，その
向きは決まっていない．数学的に線型空間を扱うとき，仮の正方向を定めるの
である．だから「時間は過去から未来に一方的に進むが，その方向を正として
も負としてもよい」のである．それは東向きの直線方向を，正向きとしても負
向きとしてもよいのと同じである．例えば原点を発する光が，時間の負方向に
進み，時間の進行は負方向としてもよい．

　また振り子の運動のように，ある一つの単純運動が繰り返されるとき，その
VTRの映像を逆さに回しても，時間の向きの区別が分からないのは，物理法則
の時間反転不変性による．複数の物理法則が因果関係で結ばれるとき，その順
序を司る時間には未来に向かう一方性と不可逆性があり，これが西向きと東向
きが対等な等方空間とは異なる所である．

　別の角度からこの問題に答えるため，一つの慣性系を同じ速度の二つの慣性
系甲乙と考えてみる．甲乙は対称であり，ミンコフスキー平面(この場合鏡映平
面)の表裏の関係にある．一つの振り子の動きを甲乙の慣性系から観察したとき
，甲系で時間が正の向きに進み，乙系で時間が負の向きに進むとすれば，両者
はミンコフスキー平面のどちら側にいるのか区別がつくことになるが，自然の
掟として，そのようなことは許されない．甲乙は互いに表裏の関係にあるが，
どちらが表面であるかは決まらない．だから複数の慣性系(観察者)があって，
時間の未来を正向きと決めたとき，ローレンツ変換によりいずれの座標系の時
間の未来も正向きに変換され，時空の対称性が保たれるのである．

　自然には時空間の平面のいずれが表か裏か区別がつかないという理(ことわり)を支
える内部の調和が厳然と存在する．時空間の線型性と時空平面の表裏対称性と
時間の一方性が時間の矢の心である．

問 5-3 一つの慣性系を同じ速度の二つの慣性と考えるとき，ローレンツ変換 L と斜鏡映
変換 B を求む.

付録2 光の正体追究の歴史 (光速測定と粒子説.vs.波動説およびエーテル説)

　光学ほど度々建替えを余儀なくされた科学分野はない．光の速度が余りにも速いため，また複雑な現象を示すためだろう．未だに波動か粒子か概念として明快ではない．中世までは光速は瞬達と信じられてきたが，レーマーが木星の衛星の蝕の観測で，光速が有限であることを論証した．光の波動説が有力となると，その伝搬媒体と想定されたエーテルの究明が焦点となった．

1607 ガリレイ 遠く離れた2人が手提げランプの信号を用いて光速測定し不成功

1620 スネル 屈折の法則を発見，プトレマイオスの屈折の法則を訂正

1668 フック 光はエーテルの振動説 (エーテル説の草分け)

1675 レーマー 木星の衛星の蝕の季節変動観測から光速を推算　　　　c=2.14x10^8m/s

1678 ホイヘンス 波動説提唱　ホイヘンスの原理　1690『光についての論考』

1704 ニュートン『光学』波動説に消極的，粒子説が後に権威化

1728 ブラッドリー 地球の公転による恒星の光行差より光速を計算　　c=2.99x10^8m/s

1801 ヤング 二重スリットによる光の干渉実験で波動説

1818 フレネル 部分随伴説，横波説

1849 フィゾー 回転歯車によるストロボ装置で光速測定　　　　　　c=3.13x10^8m/s

1850 フーコー 水中の光速が遅くなることを実証，波動説に軍配

1851 フィゾー 流体中の光速測定実験→フレネルの随伴説を支持

1856 ウェーバーとコールラウシュ 電気力と磁気力の比の測定値が光速なるを発見

1862 フーコー 実験室内の高速回転鏡装置で光速測定　　　　　　c=2.980x10^8m/s

1865 マクスウェル 電磁気方程式より電磁波を予言，波速の理論値が光速と一致

1878 マイケルソン 回転鏡装置で光速測定　　　　　　　　　　　c=3.0015x10^8m/s

1887 マイケルソン-モーリーの実験(エーテルの実証実験)

1888 ヘルツ 電磁波を実証

1900 プランク 光エネルギーの量子仮説で黒体放射を説明

1905 アインシュタイン 光量子仮説で光電効果を説明，特殊相対論でエーテル不用論

1947~ 多数の研究所 電波技術による光速測定　　　　　　　　　c=2.99792x10^8m/s

1969~ 多数の研究所 レーザー光による光速測定　　　　　　　　c=2.99792x10^8m/s

1983 宇宙の普遍定数として光速定義　　　　　　　　　**c=299792458 m/s**

その他，仮説・実験・検証多数

第6章　　力学および特殊相対論小史

　1872年エルランゲン大学に迎えられたF.クライン(1849-1925)は，後世エルランゲン・プログラムとよばれる教授就任講演「最近の幾何学研究についての比較考察」を行い，『幾何学とは変換群が与えられたとき，この変換群で不変な図形の性質(定理・法則)を研究する学問である』という諸幾何学の一般原理を提唱した．変換不変量でなりたつ関係に普遍的な意味がある，ということを看破したのである．

　ユークリッド幾何学は，図形の科学としてその公理的方法が近代科学のお手本とされ，その根幹は換骨奪胎されることなく2300年を経た現代まで命脈を保ち，座標系の導入による解析幾何や，図形のユークリッド変換群論に進化した．しかし，その土台である公準には数々の疑問がもたれ，非ユークリッド幾何学の派生や欠けていた公準が補追され，それらは内積の定義に基づくユークリッド平面の幾何として線型代数に吸収された．第3, 4, 5章では，空間の対称性に基づく本質論の幾何学とするためその土台を作り替えた．

　真理を巡る西洋人の奮闘の足跡をみると，科学の進歩は技術のように改善改良で漸進するということはなく，必ずや新しい観念や発見などの飛躍を伴う．更にいえば，伝統への反逆や定説への否定を伴うところの，発想や概念の革新である．この意味で重要と思われる事柄を羅列し小史とした．それにしても科学の進展を西洋と比べるとき，かくも遅れをとった東洋的停滞と知的怠惰には，自反を要する．

§6.1　相対性の着眼

　力学は幾何学をベースにしながら，力や重さが位置や速度と関係するという，広く生活に即した物理現象を扱う科学であり，アリストテレス以来の力学が長らく信奉されてきた．近代に至って，これに対する新しい知見を加えた，革新的な物の見方が生まれてきた．

天上界の法則

　N.コペルニクス(1473-1543)は，臨終のとき『天球の回転について』[12]を刊行し，地動説を遺言とした．惑星の逆行を周転円で説明した，プトレマイオスの天動説による惑星の軌道が，自らの長年の観測データとずれていたのである．

　チコ・ブラーエ(1546-1601)はデンマーク王の援助を得て1576年頃に大天文台を建設し，100人にも及ぶ助手や技手を雇い，肉眼ながら膨大な天体観測データを得た．晩年に助手として招かれた J.ケプラー(1571-1630)は，惑星の中で特に逆行の大きい火星軌道の解析を担当し，**ケプラーの3法則**を得た．

第1法則 (楕円軌道の法則) 惑星は太陽を一つの焦点とする楕円軌道を描く．
第2法則 (面積速度一定の法則) 太陽と惑星を結ぶ動径の描く面積速度は，一定である．
第3法則 (調和の法則) 惑星の公転周期の2乗と，太陽からの平均距離の3乗の比は，いずれの惑星でも一定である．

地上界の法則

　G.ガリレイ(1564-1642)は1609年，遠くの物を大きく見ることのできる装置のことを聞き及び，自ら望遠鏡を組立て，月・土星・金星・木星などを観察した．その結果地動説を支持したので，晩年ローマ法皇による異端の審問をうけ，減刑されたが自宅閉居に処せられた．当時絶対的権威のあったアリストテレスの学説に疑問を抱き，数々の実験に基づいて，新学説を残した．

　砲弾の弾道を研究するため，物体の落下における距離と時間の関係を見る実験に長い斜面を用い，計算により自由落下運動を等加速度運動であると認め，**落下の法則**を見い出した．時計は何と水桶の底部に小穴をあけ，栓を開閉して時間を区切り，流出量を以て測るという水時計であった．

　　定理2　静止から等加速度運動を以て落下する一つの物体によって通過されるべき距離は，それらの距離を通過するに要する時間間隔の平方に比例する．[15]

　また定速で静かに走る大型船を観察し，船室内でのどのような実験も地上の実験と変わる所がなく，自船の動静や速度は分からない，という現象を見いだして，地球の公転や自転の根拠とした．

　　定義　任意の相等しい時間内に物体の通過する距離の相等しい直線運動を，等速直線運動という．　　『新科学対話』1638 [15]

ガリレイの相対性原理　すべての慣性系において，**力学の法則は不変**である．

これは後にクラインが唱えた幾何学の指導原理(→P62)の,「変換群に不変な性質(法則)を研究するのが幾何学」と同じ思想である.

§6.2 ニュートン力学と不変量

I.ニュートン(1642-1727)は,1687年に大著『自然哲学の数学的原理(プリンシピア)』全3巻を著した.ケプラーの法則と,ガリレイの落下の法則を,慣性系で普遍になりたつ関係として統合したが,その核心は**運動の3法則**にある.

第1法則 (慣性の法則) 静止もしくは一様な直線運動をする物体は,これに力が作用しない限り,その状態を維持する.

第2法則 (運動方程式) 運動量の変化は外力に比例し,力の方向に沿う.

$$\frac{d}{dt}(mv)=f, \quad ここに \ mv \ は運動量, v は質点の速度.$$

第3法則 (作用反作用の法則) 作用は常に反作用と逆向きで,それらの大きさは等しい.

ニュートン力学の前提条件は次の通りである.

(1) 力の伝達は瞬達であり,速度に上限はない.

(2) 慣性系が存在し,質量と時刻または時間は慣性系の不変量である.

(3) 空間と時間は物質の物理現象とは独立に存在し,時空間にはガリレイ変換が,空間にはユークリッド幾何学がなりたつ.

何の根拠も示されない天下りの法則であったが,後世からみると,ガリレイ変換不変量とユークリッド幾何に基づく幾何学となっている.以下にその骨格を示す.

以後力学の習いにより,質点mの時空ベクトルを$r=\begin{pmatrix}x\\t\end{pmatrix}$, その運動量を$p=mv$と記し,従来の位置ベクトル$p=\begin{pmatrix}x\\t\end{pmatrix}$から変更する.

ガリレイ変換の不変量と共変式*

*共変式とは基底変換に対して,変換不変量の関係が,同じ形式となる不変式.

慣性系1, 2が同一直線上をそれぞれ一定速度で運動する.慣性系1→2を見た速度をuとする.また質量mの質点が慣性系と同じ直線上を,慣性系からみて速

度v_1およびv_2で運動する時空2次元模型を考える．速度vと表わすとき，任意の慣性系からみた速度であるとする．

慣性系1, 2の原点から質点mまでの位置をそれぞれx_1, x_2とすると，両座標の間にガリレイ変換がなりたつ．

$$x_2 = x_1 - ut. \quad (u \text{ は}1{\rightarrow}2\text{をみた速度で定数，空間1次元})\tag{6-1}$$

慣性座標系1$(x_1\text{-}t_1)$と慣性座標系2$(x_2\text{-}t_2)$の座標変換式として行列で表現すると

$$\begin{pmatrix} x_2 \\ t_2 \end{pmatrix} = G \begin{pmatrix} x_1 \\ t_1 \end{pmatrix}, \quad G = \begin{pmatrix} 1 & -u \\ 0 & 1 \end{pmatrix} \quad \text{ガリレイ変換,}$$

2次不変関数は $\quad \phi \begin{pmatrix} x_2 \\ t_2 \end{pmatrix} = \phi \begin{pmatrix} x_1 \\ t_1 \end{pmatrix} = \phi \begin{pmatrix} x \\ t \end{pmatrix} = -k\,x^2 + t^2 = t^2,\ k=0 \tag{6-2}$

と表わされる．主不変量(慣性系には依らない量)は，絶対時空平面の可換係数 k $=0$ に基づく時間 tである．ニュートンのいう絶対空間と絶対時間は，すべての慣性系が共有する宇宙空間と宇宙時間という意味合いであり，不動の絶対原点を宇宙の重心に置いたことは，観念的な仮定であった．実際の力学はガリレイ変換が示す相対的な共通空間と，宇宙に遍く絶対的な共通時間に基づいて展開された．

幾何学の指導原理により，ニュートン力学の法則は，時空間の幾何学として
(1) 線型時空間としての並進変換不変量
(2) 空×時 空間にあってはガリレイ変換不変量
(3) 空×空 空間にあってはユークリッド変換不変量
(4) 時間tと質量mは不変量
が基本となり，法則はそれら不変量の加減乗除・内積・角度・外積・微分・積分の組合せの共変式よりなる．　以下にそれを示す．
(1) 式(6-2)より、線分 $l^{AB} = x^B - x^A$ はガリレイ変換不変量である．
問6-1 線分不変量lを空×空 空間と，時×空 空間で説明せよ．

(2) 式(6-1)の両辺を時間t(不変量)で微分して速度加法則を得る．

$$v_2 = v_1 - u \quad \Leftrightarrow \quad v_1 = v_2 + u \quad \text{ここに } v = \frac{dx}{dt}. \tag{6-3}$$

(3) 質点の自由運動を微小時間に区切り，2次元世界線の微小時間慣性系(質点系

)として折線近似する．慣性系と質点系の原点を一致させると，質点系の**2元時空ベクトル** $r=\begin{pmatrix}x\\t\end{pmatrix}$ は慣性系1, 2に対しガリレイ変換をみたす．質点mの速度を $v=\frac{dx}{dt}$ と定義すると，慣性系1と微小時間質点系においてガリレイ変換は，質点系を慣性系2とみて，式(6-2)より $x_2 \to x,\ t_2 \to t,\ u \to v$ とおいて

$$\begin{pmatrix}x\\t\end{pmatrix}=G\begin{pmatrix}x_1\\t_1\end{pmatrix},\quad G=\begin{pmatrix}1&-v\\0&1\end{pmatrix},\quad r=\begin{pmatrix}x\\t\end{pmatrix},$$

2次不変量　$\phi(Gr_1)=\phi(r_1)=\phi(r)=t^2.$

微小時間質点系においても時間 t は慣性系に依らない不変量である．2元時空ベクトルを不変量 t で微分積分した量もまたガリレイ変換不変量である．

(4) 位置 x にある質点mの速度を $v=\frac{dx}{dt}$，**2元速度**を $v=\frac{d}{dt}r$ と定義する．微小2元時空ベクトルがガリレイ変換をみたすので，その時間 t による微分も**ガリレイ変換をみたし，不変量をもつ．**

質点の2元速度　$v=\frac{d}{dt}r=\frac{d}{dt}\begin{pmatrix}x\\t\end{pmatrix}=\begin{pmatrix}v\\1\end{pmatrix},$

2次不変量　$\phi(Gv)=\phi(v)=1.$

(5) 位置 x にある質点mの運動量を $p=mv$，**2元運動量**を $p=mv$ と定義する．

2元運動量　$p=mv=m\begin{pmatrix}v\\1\end{pmatrix},$

2次不変量　$\phi(Gp)=\phi(p)=m^2.$

(6) 位置 x にある質点mの加速度を $a=\frac{dv}{dt}=\frac{d^2x}{dt^2}$，**2元加速度**を $a=\frac{d}{dt}v$ と定義する．式(6-1)の両辺を時間 t で2次微分して

$$\frac{d^2}{dt^2}x_2=\frac{d^2}{dt^2}x_1 \iff a_2=a_1=a,\ \text{よって}\textbf{加速度}a\textbf{は，両慣性系の不変量である．}$$

2元加速度　$a=\frac{d}{dt}v=\frac{d}{dt}\begin{pmatrix}v\\1\end{pmatrix}=\begin{pmatrix}a\\0\end{pmatrix},$

2次不変量　$\phi(Ga)=\phi(a)=0.$

　孤立する二つの質点A,B(質量 m^A, m^B)が，直線上を運動するとする．慣性系1, 2からこれを記述する．

(7) 質量は不変量なので　$m^A+m^B=m^G$　は両系においてなりたつ．

(8) 慣性系1において両質点の**重心**を x_1^G とすると(下添え字は慣性系を示す)，質点の時空ベクトル $r=\begin{pmatrix}x\\t\end{pmatrix}$ において，直線の線型性より次がなりたつ．

$$\mathrm{m}^A \boldsymbol{r}_1^A + \mathrm{m}^B \boldsymbol{r}_1^B = \mathrm{m}^G \boldsymbol{r}_1^G.$$

空間成分は $\qquad \mathrm{m}^A x_1^A + \mathrm{m}^B x_1^B = \mathrm{m}^G x_1^G,$

式(6-1)を代入して $\quad \mathrm{m}^A x_2^A + \mathrm{m}^B x_2^B = \mathrm{m}^G x_2^G.$

と共変式を得る．時間成分は，$\mathrm{m}^A + \mathrm{m}^B = \mathrm{m}^G$ である．

(9) さらに両辺を時間で微分して，次がなりたつ．**2元速度**は $v = \frac{d}{dt} r = \begin{pmatrix} v \\ 1 \end{pmatrix}$, **2元運動量**は $p = mv$ だから

$$\mathrm{m}^A \boldsymbol{v}_1^A + \mathrm{m}^B \boldsymbol{v}_1^B = \mathrm{m}^G \boldsymbol{v}_1^G \quad \Leftrightarrow \quad \boldsymbol{p}_1^A + \boldsymbol{p}_1^B = \boldsymbol{p}_1^G,$$

$$\mathrm{m}^A \boldsymbol{v}_2^A + \mathrm{m}^B \boldsymbol{v}_2^B = \mathrm{m}^G \boldsymbol{v}_2^G \quad \Leftrightarrow \quad \boldsymbol{p}_2^A + \boldsymbol{p}_2^B = \boldsymbol{p}_2^G,$$

(10) さらに両辺を時間で微分して，次がなりたつ．加速度aは不変量だから両系で同じ式となる．

$$\mathrm{m}^A \boldsymbol{a}_1^A + \mathrm{m}^B \boldsymbol{a}_1^B = \mathrm{m}^G \boldsymbol{a}_1^G, \quad \mathrm{m}^A \boldsymbol{a}_2^A + \mathrm{m}^B \boldsymbol{a}_2^B = \mathrm{m}^G \boldsymbol{a}_2^G.$$

2元加速度は $\quad a = \frac{d}{dt} v = \begin{pmatrix} a \\ 0 \end{pmatrix} \quad$ だから $\quad \mathrm{m}^A \boldsymbol{a}^A + \mathrm{m}^B \boldsymbol{a}^B = \mathrm{m}^G \boldsymbol{a}^G$

この式の第2成分の式は0＝0であり，さらに微分しても有意な情報は得られない．外力がなく，$a^G \equiv 0$ のとき，運動の第3法則と第2法則が導かれる．

第3法則 (作用反作用の法則) $\mathrm{m}^A a^A + \mathrm{m}^B a^B = 0 \Leftrightarrow \mathrm{m}^A a^A = -\mathrm{m}^B a^B.$

作用は常に反作用と逆向きで，それらの大きさは等しい．

定義 力を $f = ma = \frac{dp}{dt}$, **2元力**を $f = ma = \mathrm{m} \begin{pmatrix} a \\ 0 \end{pmatrix}$ と定義する．

第2法則 (運動方程式)：運動量pの変化は力fに比例し，力の方向に沿う．

$$f = \frac{d}{dt} p = ma.$$

2元力の2次不変量 $\quad \phi(Gf) = \phi(f) = 0.$

加速度aは慣性系の不変量であるから，力fは慣性系の不変量である．

(11) 質点mにかかる力を微小時間で積分した量は，運動量の増加に等しく，式の形は慣性系で不変である．

$$\int_{t1}^{t2} f \, dt = \int_{t1}^{t2} ma \, dt = \int_{t1}^{t2} m \, dv = [mv]_{t1}^{t2} = p(t_2) - p(t_1) \quad ここに \quad a \, dt = dv.$$

定義 力を時間で積分した量 $\int_{t1}^{t2} f \, dt$ を**力積**という．

運動量保存則： 力積＝0 のとき，$p(t_2)=p(t_1)$ がなりたつ．

(12) 二つの質点A,Bが衝突して反発するとき，衝突の前後において外力の力積 ＝0 であれば，運動量保存則が両系でなりたつ．衝突後の速度をVとすると

運動量保存則： $\mathrm{m}^A v^A + \mathrm{m}^B v^B = \mathrm{m}^A V^A + \mathrm{m}^B V^B = 一定$

(13) 原点に静止する質点mに力 fが働いて質点が距離Δx動いたとき，力によりなされた仕事Wを定義する．

定義 仕事 $W=f\Delta x,$
力と位置が3次元量のとき，空間の内積は回転変換不変量であり $W=f\cdot\Delta r.$

力は，重力・ばねの力・電磁力・万有引力などを問わない．静止する質点に力を与え速度vまで加速させたとき，なされた仕事Wを特に運動エネルギーKという．力 fを位置の関数として

定義 運動エネルギー $K=\int_0^x f dx = \int_0^x \mathrm{m}v dv = \mathrm{m}[v^2/2]_0^v = \frac{1}{2}\mathrm{m}v^2,$
ここに $f dx = m a dx = \mathrm{m}\frac{dv}{dt}dx = \mathrm{m}v dv.$
運動エネルギーの時間変化は $\frac{dK}{dt}=f\frac{dx}{dt}=fv.$ (6-4)

(14) ポテンシャル・エネルギーとエネルギー保存則 (内積不変量) 略
(15) 定義 角運動量 (外積不変量) 略
問6-2 万有引力の距離逆2乗の法則と，ケプラーの第3法則より，運動の法則を導け．
問6-3 月の周期は約27日と8時間，地球の外周は40000km，地球から月までの平均公転軌道半径は地球の半径の約60倍である．これらより地表上の重力加速度を求む．

以上，2元時空ベクトルのガリレイ変換と変換不変量よりニュートン力学の骨格が演繹される．ニュートン力学は近似であり誤りである，との論評があるが，**力が瞬達**という当時の知見が近似であっただけで，視座(座標系)を変えても変わらないものの関係が，物ごとの本質であり法則をつくる，という幾何学の一般原理が自ずと貫かれている．特殊相対論はニュートン力学を原型として，ガリレイ変換をローレンツ変換に拡張することで出来あがるのである．腕の立つ数学者としてポアンカレとミンコフスキーは一瞬にしてこれを見通していた筈である．

§6.3　光学と電磁気学の発展

光速の測定

　天文学，力学に続いて発展したのは，光学であった．中世までは，光速は瞬達即ち無限大と信じられてきたが，それに疑問をもつ人々が出てきた．レーマーが，木星の衛星の蝕の開始が季節により微妙にずれることを見つけ，30%の誤差ではあったが，光速を見積もった．以来，ブラッドリー，ウェーバーとコールラウシュ，フィゾー，フーコー，・・・，マクスウェル，マイケルソン，・・・と連綿として光速を追い続けた(→P61)．ついに1983年光速は宇宙の普遍定数として定義された．　　　c=299792458m/s

光の本性は粒子か波動か

　光の性質として古来より直進・反射・屈折・色・非衝突が知られていた．17世紀以降になって有限速度・回折・干渉・偏光が知られるようになった．

　C. ホイヘンス(1629-1695)は，光は波であるとみた．その訳を光速度の有限と，光の交差が衝突せずに互いにすり抜けることに求め，光の反射・屈折をホイヘンスの原理で説明した．光波の媒質はエーテルという宇宙空間物質であるとの説が有力であった．一方ニュートンは，光をただ波とだけ考えると回折は説明できるが，直進がうまく説明できないことから，微粒子が放射され直線的に進むと考えた．粒子説は多くの光学現象を説明できたが，それに満足していた訳ではない．

　光が水面で屈折することを，粒子説では水中の光速が速くなるからとし，波動説では遅くなるからとしたが，1850年にフィゾーの水中光速測定により，波動説に軍配があがり，光波の媒質としてのエーテル探しに拍車がかかった．

電磁気学の発展とガリレイ変換との齟齬

　ヴォルタが1799年に電池を発明して以来，安定した電気実験ができるようになったので，急速に電気磁気の不思議な諸性質が知られるようになった．J.C. マクスウェル(1831-1879)はエルステッド，アンペール，ファラデーらの電磁気

実験の膨大な成果を引継ぎ，これらを対称形の美しい基礎方程式に仕立て上げた．1865年，この方程式を展開して空中に電磁波を発生する解を導き，その理論速度が光速と一致することから，光は電磁波の一形態であると結論した．

　1888年H.R.ヘルツ(1857-1894)は離れた部屋で火花放電を受信し，電磁波の直進・反射・屈折・回折・速度・波長を確かめ，その実証に成功した．これは電磁波の媒質としてのエーテルの存在に，強い根拠を与えた．また運動物体中の電磁場について，マクスウェルの方程式をガリレイ変換した式を導き，そこに相対速度の項が残ることを見出した．この理論に基づき幾つかの実験が行われたが，理論とは合わなかった．

§6.4　エーテルとの苦闘

マイケルソン-モーリーの実験

　波の速度は波源の運動速度にはよらず，媒質の性質により定まる．波は近接作用であるから，隣り合う媒質の変動の瞬間的位置のずれ・位相が一定の速度で次々に伝播するものと考えられていた．光波の媒質として仮定されたエーテルの力学的特性(質量・弾性定数・密度) は，様々な実験により次々に否定され，地球とエーテルの相対運動という観点から三つの説が残った．随伴説と部分随伴説および静止エーテル説で，次第に静止エーテル説に収斂していった．エーテルの海に一体どれほど多くの先人達の汗と涙と骨が飲み込まれたかを知る由もない．

　エーテルの実証実験は数々あるが，有名なのは，1887年のA.A.マイケルソン(1852-1931)とモーリーの実験である．絶対静止空間を意味するエーテルの海を地球が運動するとき，春と秋(公転の影響)で，また昼と夜で，また東西と南北で光速はどう変化するかを，環状の水銀槽に浮かべた30cm厚の四角い岩盤に，自由に回転できる干渉計を載せ，非常に精密に測定したが，結果は何の変化も見られなかった．実験の当日は街の往来を止めたという．エーテル中の地球の運動を検証する他の実験も，否定的結果に終った．

ローレンツの発見

　マイケルソン-モーリーの実験結果を得て，フィッツジェラルドは1889年，H.A.ローレンツ(1853-1928)は1892年，別々に同じ仮説を発表した．それは，物体は静止エーテルに対する運動方向に$\sqrt{1-v^2/c^2}$だけ収縮する，というものであった．実験の結果を説明することはできたが，その根拠は分からなかった．ローレンツは因果的に考え，物質が進行方向の分子間圧力で収縮することがあり得る(分子間力仮説)とした．これをローレンツ収縮という．

　ローレンツは，なお理論的研究を進め，マクスウェル-ローレンツ方程式

$$F = q\left(E + \frac{1}{c}\,(v \times H)\right) \tag{6-5}$$

を不変にする，ガリレイ変換に代わる1次変換式を求めた．研究の方向は正しかったが，かなりてこずったと推察される．

　1895年静止エーテル系から運動系に座標変換するとき，ガリレイ変換の時間の項に，**位置による補正項**を加えるという重要な論文を発表した．[51]

$$t_2 = t_1 - \underline{vx_1/c^2} \tag{6-6}$$

これで1851年のフィゾーの水中光速測定実験の結果を説明できた．またv/cの2次の項以下を無視すれば，マクスウェルの方程式を不変にできた．補正された運動系の時間を，局所時間(local time)とよび，計算上の時間とした．

　ローレンツはポアンカレから次の激励をうけた．

　　『科学と仮説』1902 岩波文庫　第一位の諸項 [v/cの項] を見露はすべき [いくつかの]実験が行はれた，結果は陰性[否定的]であった．偶然さうなったのだらうか．誰もさうは認めてゐない．普遍的な説明が求められた．さうしてローレンツがそれを見出した．第一位の諸項は相殺するに違ひないが，併し第二位の諸項 [v^2/c^2の項]はさうはならないことを示した．それで [第二位の項を示すマイケルソンの] もっと精密な実験が行はれた．この実験も赤陰性 [否定的]であった．それはもはや偶然の結果とはいへなかった，説明が必要であった．説明は見出された．何時でも見出されるものだ．仮説とは最も欠乏する事のない資本である．

と厳密にマクスウェルの法則を不変にする変換式があるはずだ，とした．この提言をうけて，ローレンツは1904年の論文で，式(6-6)を改め，厳密にマクスウェル-ローレンツの方程式を不変にする変換公式(6-7)に成功した．

$$\begin{pmatrix} x_2 \\ t_2 \end{pmatrix} = \gamma \begin{pmatrix} 1 & -v \\ -v/c^2 & 1 \end{pmatrix} \begin{pmatrix} x_1 \\ t_1 \end{pmatrix}, \quad \gamma = 1 \big/ \sqrt{1 - v^2/c^2} \tag{6-7}$$

改良された変換式は，式(6-6)を含む行列式の値を1に規格化したもので，ポアンカレが式を整形し，この変換が変換群をなすこと，および変換群が不変量をもつことを確認して，ローレンツ変換と命名した.

　ローレンツは運動座標系における電磁気現象を次のように説明した.

(1) 静止エーテル座標では，マクスウェルの方程式が厳密になりたつ.

(2) **仮定として**，一様な運動中の物体は運動方向に一様に収縮する.

(3) 運動座標と静止エーテル座標とでローレンツ変換を定義する.

(4) ローレンツ変換は静止エーテル座標と運動座標でマクスウェルの方程式を不変にする. (相対性原理)

(5) 運動系の電磁気現象は，運動座標系でマクスウェルの方程式がなりたつとして求め，それを静止エーテル座標にローレンツ変換してやれば，静止エーテル座標からみた運動系の電磁気現象の記述が求まる.

　絶対静止エーテルの考えに立つとはいえ，運動座標系での電磁気現象がマクスウェルの方程式をみたすことを説明できた. (1)(3)(4)より全ての慣性系で光速は不変である. $v/c \to 0$ のときローレンツ変換は，ガリレイ変換となる. 問題は運動座標系の局所時間と局所空間座標の正体を，的確に説明できなかったことにあった. 相対性原理を証明すべきことと考えていたため，何らかの仮定として(2)が必要であった. 絶対静止エーテルは，ニュートンの絶対時空と同様，実効価値はない. あと一歩であった.

ポアンカレの提言

　大数学者は格別の洞察力をもつものと見える. H.ポアンカレ (1854-1912) はローレンツと同時代の人であり，数学・天文学で顕著な業績をあげ，数理物理学や電磁気学にも精通した当代きっての大学者であった. 相対性理論の形成にも多大の貢献をなしたが，そのいくつかの高等的な発想が理解されず，いつしか相対論の歴史から消えつつある. 何といってもアインシュタインの簡潔な理論は明快で分かりやすく，実際的で物理的な解釈に優れ，信心深い人々に好評である一方，ポアンカレのそれは親爺の小言のように細切れで，その発想のよっ

て来たる所以が分からず，短編的言辞を曲解され，ポアンカレほどの数学的識見と洞察の及ばない人々の批判の的となった．相対性原理については早くから言及している．

　1895 物質の絶対運動，あるいはむしろ物質のエーテルに対する相対運動を明らかにすることは不可能である．　　**(ラーモアの論文について)**

　1899 おそらく光学現象は，そこに存在する物体の相対運動にしか依存しない．**(講義)**

　1904 相対性原理の定義　物理現象の諸法則は，静止した観測者であれ，一様に並進運動をしている観測者であれ，同一でなければならない．　　**(セントルイス国際学術会議)**

　名著『科学と仮説』1902では，**公理の本性**の一節を設け

　　　幾何学の公理の本性は，カントのいったようような「先天的綜合判断」ではなく，実験的事実でもない．・・・それは規約である．我々の選択はあらゆる可能な規約のうちから実験的事実によって導かれて行ったのである．

と述べている．規約とは，例えば平面幾何をつくるとき，それは線型平面か非線型平面かの選択があり，両面平面か片面平面かの選択があり，表裏対称平面か表裏非対称平面かの選択があり，可能な規約のうちから最も自然に合う平面の規約に立つのが図形の科学である．広く通じた数学者にして言い得る含蓄の深い言葉である．また相対性原理の仮説について，ずばり言い切っている．

　　　『Electricitè et optique』1901　よくできた理論は，きわめて厳密に一挙にこの[相対性]原理を証明できるはずである．(相対性原理についてポアンカレの遺題)

　　　『科学と仮説』1902 (要約) 自然についての仮説や公理を，規約として矛盾のない限り自由に設けることができるが，その妥当性は実験や観測によって判定される．仮説探しは簡単を発見するまで続く．まづ全く自然な除くことのできない仮説，例えば結果は原因の関数である，と仮定しないことは困難である．対称によってつけられた条件もそうである．

　相対性原理は自然の公理にしては複雑であり，もっと簡単な仮説から説明できる筈だ，と識見を以て発言しているが，それを果たすには線型代数の発展を待たねばならなかった．しかしそのことが，アインシュタインの相対性原理と比べて明快ではない，原理は証明できない，と皮相的な科学者や識見を欠く評論家からの一斉批判の的となったのは，時代を超えた人の悲劇であろうか．ポアンカレは1904年のローレンツの成功[53]にもまだ満足してはいない．

『科学の価値』1905 ローレンツの理論では，**運動体は運動の向きに収縮を受け，この収縮はその物体の性質いかんにかかわらず同じだ**，と仮定している．しかしもっと**簡単でもっと自然な仮説を設ける**ことはできないだろうか．

§6.5　アインシュタイン登場

　A.アインシュタイン(1879-1955)はドイツ南西部ウルム市に生まれ，1900年スイス連邦工科大学を卒業したが，ユダヤ系ということもあり，いずれの大学の助手となることも叶わず，代用教員などのアルバイトを経て二年後に特許局技官の定職に就いた．学生時代は光エーテルに対する地球の運動を検出する実験を画策して教授の不評を買ったり，同じ学科の女学生と恋仲になったり，嫌いな授業はさぼってマッハの『力学』を読み耽っていたなど，大器の片鱗を見せていた．卒業後も友人らとアカデミー・オリンピア(勉強会)を結成して，ヒュームやポアンカレの本を読んでは討論し，博士論文をチューリッヒ大学に提出するなど，真理探究にかける情熱を燃やし続けていた．1905年日露戦争が山場にさしかかり，丁度日本海海戦があったころ，友人と時間について議論した直後，卒然と新しい時間の概念がひらめき，論文「運動物体の電気力学」を5週間で書き上げた．それは当時のエーテルをめぐり行き詰っていた理論を革新し，美的感覚を以て解を得るという，まさに鬼才の仕業であった．核心部分は数ページで公理的方法の伝統に従い，同時刻の定義から始まり，冒頭で二つの原理を要請している．

　　[相対性原理] **互いに他に対して一様な並進運動をしている，任意の二つの座標系のうちで，いずれを基準にとって，物理系の状態の変化に関する法則を書き表わそうとも，そこに導かれる法則は，座標系の選び方には無関係である．**

　　[光速度不変の原理] **ひとつの静止系を基準にとった場合，いかなる光線も，それが静止している物体，あるいは運動している物体のいずれから放射されたかには関係なく，常に一定の速さcをもって伝播する．**

　この二つの原理と，時空間の線型性と，空間の等方性を用いてローレンツ変換を導いている．画期的であったのは**時間の新解釈**であった．人類開闢以来の「宇宙に遍く共通な時間」という通念を否定し，慣性系ごとに固有の時間があ

るという，万人の意表を衝く斬新な概念である．ローレンツ変換の物理的解釈
についても，同時性の崩れ，相手慣性系の時空の縮小を，観測できる現象とし
て明快に説明した．相対性原理はポアンカレのものと同じであるが，間接的表
現である．光速度不変の原理は，ローレンツ変換の導出に欠かせなかった．　後
にローレンツ変換に含まれる普遍的な意味を付け加えた．

　　　　すべての自然法則はローレンツ変換共変である．

またローレンツ変換を運動量に適用して得られる，有名な式　$E = mc^2$　を発
見して，質量とエネルギーの等価性を予言した．ローレンツ変換が示す数々の
高速事象を具体的に予言し，実験結果がそれらを次々と証明した．

　ポアンカレは沈黙を守ったが，おそらく不満であったろう．ポアンカレが予
期して果たせなかった相対性原理の証明を，アインシュタインは要領よく原理
として神棚に祭り上げたからである．アインシュタインの理論は，頑固な抵抗
もあったが，実験結果が理論とよく合致するに従い，次第に世間に受け入れら
れていった．今ではこの理論に少しでも異を唱えると，奇人か変人とみなされ
て葬り去られるまでに至った．

　まことに不肖ながら筆者の疑問点をあげる．

(1) 第一に，立論の方法である．光速度不変の原理はマクスウェルの法則(光速
は定数)と相対性原理の帰結であり，二大原理は独立ではない．より根源的な何
かが見逃されていることを暗示する．

(2) ローレンツ変換を求めるとき，時間の一方性の条件を明示的に使っていな
い．演繹の道筋に不十分または飛躍があると示唆される．

(3) 得られる結論の中に，重力の伝播速度も光速度cと等しくなる，がある．そ
うであるなら光速度と重力の伝播速度が等しくcとなる共通の原因がある，とい
うのがキューリーの原理である．

(4) 式(5-8)　$c^2 = -v_{12}v_{23}v_{31} / (v_{12}+v_{23}+v_{31})$　を速度関係式とみると，三つの慣性系
の相対速度を知れば光速cが決まるが，まったく光が関係しない世界でも相対速
度v_{12}, v_{23}, v_{31}は存在し，それらから光速が決まるとは奇妙である．

　数多ある相対論の本に(1)に触れているものがあった．よくローレンツの「実
験の説明のための理論」と，アインシュタインの「原理的な理論」とは大差が

ある，と言われる．しかしどちらも現象論である以上，両者に本質的な違いはなく，最も実験とよく合いかつ理論が美しいのはどれか，としか言えない．

しかし光速度不変の原理を錦の御旗に掲げることによって，物理学を統合前進させたという功績は大きかった．しかも質量とエネルギーが等価な量であることを喝破した．偉かったのはこれに満足することなく，単騎で一般相対性理論に突き進んだその勇気である．理論を開拓するには，若さが必要である．

ポアンカレ，ミンコフスキーとローレンツ，アインシュタインをみると

　　数学者は物ごとの関係における内在的調和を探し求め，

　　物理学者は現象を説明する仮説・原理を探し求める，

という方法論の違いが浮かびあがるのである．

§6.6　相対論力学と不変量

ミンコフスキーの貢献

名数学者は特別の職業勘があるらしく，かねて時空の構造に見解を巡らせていたH.ミンコフスキー(1864-1909) は，1907年スイス連邦工科大学時代の教え子であったアインシュタインの論文を取り寄せ，直ちにミンコフスキー時空を基軸に，ユークリッド幾何学と基礎は同じであるが時空間隔という異なる不変量を導入して，相対論を4次元時空幾何学に組立てた．相対論力学の構築に取り掛かっていたが，惜しくも盲腸炎の手術で急逝した．

ユークリッド幾何学が，線型空間がもつ直線と平行線を土台に，表裏対称の空間平面になりたつ円と角を石垣に積上げ，

また**ニュートン力学**が，線型空間がもつ並進変換と一般線型変換を土台に，ユークリッド幾何学を石垣として，表裏対称絶対時空平面になりたつ斜鏡映変換とそのx反転形のガリレイ変換を天守閣の柱として，

また**相対論力学**が，線型空間がもつ並進変換と一般線型変換を土台に，ユークリッド幾何学を石垣として，表裏対称時空平面になりたつ双曲型斜鏡映変換とそのx反転形のローレンツ変換を天守閣の柱として，

それら変換の不変量の関係が，原理の間や法則の廊下や定理の階段に配置されて，天守閣が建てられている．

　相対論力学の前提条件は次の通りである．本書ではこれらを，時空の対称性から導いている．

(1) 場や力の伝達速度は光速と同じであり，光速は宇宙の最高普遍速度である．

(2) 慣性系が存在し，固有質量mおよび光速cは慣性系の不変量である．

(3) 空間にはユークリッド幾何が，時空間にはローレンツ変換およびミンコフスキー幾何がなりたつ．

(4) $v/c \to 0$ のとき，ガリレイ変換およびニュートン力学に帰着する．

ローレンツ変換の不変量と共変式*

　　*共変式とは，基底変換不変量の関係が，変換に対して同じ形式となる式．

　慣性系1，2が同一直線上をそれぞれ一定速度で運動する．慣性系1→2を見た速度をuとする．

　以下力学の習いにより質点mの，2元時空ベクトルを$r = \begin{pmatrix} x \\ t \end{pmatrix}$，その運動量を$p = mv$と記し，従来の表記 (位置ベクトル$p$)から変更する．

(1) 慣性座標系1(x_1-y_1)と慣性座標系2(x_2-y_2)の座標変換はローレンツ変換Lで表わされ，可換特殊等対角変換Lとしての2次不変関数$\phi(r)$と不変量r^2をもつ．

$$\begin{pmatrix} x_2 \\ t_2 \end{pmatrix} = L \begin{pmatrix} x_1 \\ t_1 \end{pmatrix}, \quad L = \gamma \begin{pmatrix} 1 & -u \\ -u/c^2 & 1 \end{pmatrix}, \quad \gamma = 1 \Big/ \sqrt{1 - u^2/c^2},$$

$$\phi \begin{pmatrix} x_2 \\ t_2 \end{pmatrix} = \phi \begin{pmatrix} x_1 \\ t_1 \end{pmatrix} = \phi(Lr) = \phi(r) = -x^2 + c^2 t^2 = r^2, \text{ ここに } r = \begin{pmatrix} x \\ t \end{pmatrix}. \quad (6\text{-}8)$$

2次不変関数の変数である**2元時空ベクトル** $r = \begin{pmatrix} x \\ t \end{pmatrix}$の不変量$r$を**時空距離**と定義する．ユークリッド平面でいう位置ベクトルの長さに当たる不変量である．

(2) 式(6-8)の両辺の微分をとって速度加法則(速度合成定理)を得る．

$$\begin{pmatrix} x_2 \\ t_2 \end{pmatrix} = L \begin{pmatrix} x_1 \\ t_1 \end{pmatrix} \text{より} \quad \begin{pmatrix} dx_2 \\ dt_2 \end{pmatrix} = L \begin{pmatrix} dx_1 \\ dt_1 \end{pmatrix} = \gamma \begin{pmatrix} 1 & -u \\ -u/c^2 & 1 \end{pmatrix} \begin{pmatrix} dx_1 \\ dt_1 \end{pmatrix}.$$

第1式を第2式で割って

$$\frac{dx_2}{dt_2} = \frac{dx_1 - u dt_1}{-u dx_1/c^2 + dt_1} \Leftrightarrow v_2 = \frac{v_1 - u}{-u v_1/c^2 + 1} \Leftrightarrow v_1 = \frac{v_2 + u}{1 + u v_2/c^2}$$

を得る．これは式(5-7)と同じである．

(3) 2点r_1，r_2の時空距離 Δrは，$\Delta r = r_2 - r_1$　　として

$$\| \varDelta r \|^2 = \| r_2 - r_1 \|^2 = \phi \, (r_2 - r_1) = -(x_2 - x_1)^2 + c^2(t_2 - t_1)^2$$

$$\Leftrightarrow \quad \phi \, (\varDelta r) = -(\varDelta x)^2 + c^2(\varDelta t)^2 = (\varDelta r)^2. \tag{6-9}$$

ここで質量mの質点が慣性系1および慣性系2と同じ直線上を速度v_1およびv_2で運動する，時空2次元模型を考える．速度を単にvと表わすとき，任意の慣性系における質点の速度とする．

　質点の自由運動を微小時間に区切り，2次元世界線の微小時間慣性系として折線近似する．慣性系と微小時間慣性系(質点系)の原点を一致させると，質点の**2元時空ベクトル** $r = \binom{x}{t}$ はローレンツ変換をみたし，2次不変量(慣性系に依らない量)をもつ．慣性系における質点の速度を$v = \frac{dx}{dt}$ $(dx = vdt)$と定義すると，微小時間の極限において，各瞬間に任意の貫性系と質点系の間でローレンツ変換がなりたつ．式(6-8)より $x_2 \to x$, $t_2 \to t$, $u \to v$とおいて

$$r = \binom{x}{t}, \quad dr = \binom{dx}{dt} = L \binom{dx_1}{dt_1}, \quad L = \gamma \begin{pmatrix} 1 & -v \\ -v/c^2 & 1 \end{pmatrix}, \quad \gamma = 1 \Big/ \sqrt{1 - v^2/c^2},$$

$$\phi \, (d r/c) = (dr/c)^2 = -(dx)^2/c^2 + (dt)^2 = (-v^2/c^2 + 1)(dt)^2 = (d\tau)^2$$

$$\Leftrightarrow \quad dt\sqrt{1 - v^2/c^2} = d\tau \quad \Leftrightarrow \quad dt = \gamma d\tau \quad \Leftrightarrow \quad \frac{dt}{d\tau} = \gamma \tag{6-10}$$

がなりたつ．τを**固有時**または固有時間といい，自由運動する質点系のある時空位置における時刻を表わす．固有時間τは時空距離(不変量)を定数cで除したものであり，可換係数 $k = 1/c^2$ と並んでローレンツ変換*の主不変量である．時間t と速度vは慣性座標系の座標時間と質点速度である．

　　　*教科書は，$r = \binom{x}{ct}$, $L = \gamma \begin{pmatrix} 1 & -v/c \\ -v/c & 1 \end{pmatrix}$と対称行列に組み直しているが，本書はローレンツ変換の形を終始一貫するため，$r = \binom{x}{t}$としていることに留意．

質点$r = \binom{x}{t}$の軌跡(世界線)Wに沿った質点に付随する固有時間の積分は，

$$\int_W d\tau = \tau = 世界線固有時間, \quad \int_W cd\tau = c\tau = w \quad 世界線長$$

である．世界線長wはローレンツ変換不変量である(いずれの慣性系においても等しい)．

(4) 慣性系において，質点mの**2元速度**を $v = \frac{d}{d\tau} r$ と定義する．2元時空ベクトルrを固有時間τ (不変量)で微分した2元速度ベクトルもローレンツ変換をみたし，変換不変量をもつ．

質点の2元速度 $v=\frac{d}{d\tau}r=\frac{dt}{d\tau}\frac{d}{dt}\binom{x}{t}=\gamma\binom{v}{1}$, ここに $dt=\gamma d\tau$,

2次不変量 $\phi(Lv)=\phi(v)=\gamma^2(-v^2/c^2+1)=1$.

2次不変量(定数)はニュートン力学の2次不変量(定数)と一致する.

(5) 同様に質点mの**2元運動量**を $p=mv$ ($p=m\gamma v$, $p_0=m\gamma$)と定義する.

2元運動量 $p=mv=m\gamma\binom{v}{1}=\binom{p}{p_0}$,

2次不変量 $\phi(Lp)=\phi(p)=-p^2/c^2+p_0^2=m^2$.　　　　　(6-11)

2元運動量の2次不変量は，常にm^2であり，これは質点mの質量保存則を表わす．固有質量mに対して，$m\gamma$を相対的質量または動質量という．外力がない場合，2元速度vは不変で，運動量は保存される．2元運動量の2次不変量(m^2)はニュートン力学の2次不変量(m^2)と一致する.

(6) 慣性系における質点mの加速度を $a=\frac{dv}{dt}=\frac{d^2x}{dt^2}$ ，**2元加速度**を $a=\frac{d}{d\tau}v=\frac{d^2}{d\tau^2}r$ と定義する．2次不変量は瞬間的な質点の静止系の場合を考えると，$v=0$ であるから$d\tau$はdtに一致する．このとき $a=\binom{a}{0}$だから

2次不変量 $\phi(La)=\phi(a)=-a^2/c^2$.

$-a^2/c^2\to0$のとき $\phi(a)\to0$となり，ニュートン力学の2次不変量 $\phi(Ga)=\phi(a)$ $=0$と一致する．また質点mへの**2元力**を $f=\frac{d}{d\tau}p=\frac{d}{d\tau}m\gamma\binom{v}{1}=\binom{f}{f_0}$ と定義する．この力fをミンコフスキーの力という.

問6-4 一般的な2元加速度を求め，不変量$\phi(a)$を求む.

(7) $E=mc^2$の導出

2元運動量の時間成分 $p_0=m\gamma$ の正体を探る．$\gamma>1$ は慣性系からみた質点系の速度(慣性系ごとに異なる)による時空縮小の補正拡大係数である．固有質量mは静止質量ともいい不変量である.

$\gamma=1/\sqrt{1-v^2/c^2}$ を2乗して $(c^2-v^2)\gamma^2=c^2$ $\Leftrightarrow$ $\gamma^2c^2=\gamma^2v^2+c^2$

両辺を座標時間tで微分して

$c^2\frac{d}{dt}\gamma^2=\frac{d}{dt}(\gamma v)^2$ $\Leftrightarrow$ $2c^2\gamma\frac{d}{dt}\gamma=2\gamma v\frac{d}{dt}(\gamma v)$

両辺にm/(2γ)をかけて

$$mc^2 \frac{d}{dt}\gamma = mv\frac{d}{dt}(\gamma v) = v\frac{d}{dt}(m\gamma v)$$

一方力学より,運動エネルギーの時間変化の式(6-4)に上式を代入して

$$\frac{d}{dt}E = \frac{d}{dt}K = f \cdot v = v \cdot \frac{d}{dt}(m\gamma v) = mc^2\frac{d}{dt}\gamma, \quad \text{ここに} \ f = \frac{dp}{dt} = \frac{d}{dt}(m\gamma v)$$

最左辺と最右辺を積分して,積分定数をE^0とおけば

$$E = m\gamma c^2 = E^0 + K, \quad \text{ここに} \ v=0 \ \text{のとき} \gamma=1, \ E^0 = mc^2$$

を得る.$p_0 = m\gamma$の両辺にc^2をかけて

$$c^2 p_0 = mc^2\gamma = \quad E = mc^2(1 - \frac{v^2}{c^2})^{-1/2} = mc^2[1 + \frac{1}{2}\left(\frac{v^2}{c^2}\right) + \frac{3}{8}\left(\frac{v^4}{c^4}\right) + \cdots]$$
$$= mc^2 + \frac{1}{2}mv^2 + \frac{3}{8}m\left(\frac{v^4}{c^2}\right) + \cdots = mc^2 + K.$$

第2項はニュートン力学で質点の運動エネルギーを表わす.第2項以降の和を質点の運動エネルギーKという.第1項のmc^2は定数であり,固有質量mのもつエネルギー(静止エネルギーE^0)であると解釈される.質点のもつ両エネルギーの和をEとする.

$$E = m\gamma c^2 = mc^2 + K \quad \Leftrightarrow \quad v = c\sqrt{1 - m^2c^4/E^2} < c, \ m\to 0 \ \text{のとき} \ v\to c.$$

質点mの速度vはエネルギーEを増大しても,光速cに到達することは原理上不可能である.$v\to c$ のとき $\gamma\to\infty$ となることより,光速の近傍では質点の時空間は大縮小して,加速の効果に限界があると考えられる.2元運動量は

$$p = m\gamma \binom{v}{1} = \binom{p}{p_0} = \binom{p}{E/c^2}$$

と表わされる.質点は静止 (慣性系において$v=0$)のとき

$$E^0 = mc^2$$

の静止エネルギーをもち,これは全慣性系の定数不変量である.この等式は質量がエネルギーの一つの形態であることを示す.2元運動量 pの2次不変量は式(6-11)より,エネルギーと運動量と質量の関係

$$\phi(Lp)=\phi(p)=\mathrm{m}^2=-p^2/c^2+(E/c^2)^2 \quad \Leftrightarrow \quad E^2=(\mathrm{m}^2c^2+p^2)c^2$$

がなりたつ．よって m=0 のとき，光子のエネルギーと運動量を得る．

$$E=pc \quad \Leftrightarrow \quad p=E/c.$$

別解 2元速度と2元加速度の内積をとると

$$v \cdot a = v \cdot \frac{d}{d\tau}v = \frac{1}{2}\frac{d}{d\tau}v^2 = \frac{1}{2}\frac{d}{d\tau}\phi(v)=0, \quad ここに \quad \phi(v)=\parallel v^2 \parallel = v^2 = 1.$$

左辺にmをかけて，2元力→2元運動量と変形すれば

$$v \cdot \mathrm{m}a = \frac{d}{d\tau}r \cdot \frac{d}{d\tau}p = \frac{d}{d\tau}\binom{x}{t} \cdot \frac{d}{d\tau}\binom{p}{p_0}=0 \Leftrightarrow d\binom{x}{t} \cdot d\binom{p}{p_0}=0.$$

内積定義(2-8)より，ミンコフスキー平面の内積をとれば

$$-dxdp/c^2+dtdp_0=0 \;\Leftrightarrow\; \frac{dp}{dt}dx=c^2dp_0 \;\Leftrightarrow\; \underline{f}\,dx=c^2dp_0=dK$$

ここに修正ニュートン力を $f=\frac{dp}{dt}=\frac{d}{dt}(\mathrm{m}\gamma v)$ と定義する．運動エネルギーの定義は $K=\int_0^x f\,dx$ だから式(6-4)を準用する．両辺を積分して

$$K=p_0c^2+\mathrm{C}=\mathrm{m}\gamma c^2+\mathrm{C}=\mathrm{m}\gamma c^2-\mathrm{mc}^2=\mathrm{mc}^2(\gamma-1)$$

ここに$v=0$ のとき運動エネルギー $K=0$ だから積分定数を $\mathrm{C}=-\mathrm{mc}^2$とした．

$$K=\mathrm{mc}^2(\frac{1}{2}\left(\frac{v^2}{c^2}\right)+\frac{3}{8}\left(\frac{v^4}{c^4}\right)+\cdot\cdot\cdot)=\frac{1}{2}\mathrm{m}v^2+\frac{3}{8}\mathrm{m}\left(\frac{v^4}{c^2}\right)+\cdots.$$

第2項以下を切捨てれば，ニュートン力学における質点の運動エネルギー$\frac{1}{2}\mathrm{m}v^2$と一致する．運動エネルギーKと静止エネルギーmc^2の和を全エネルギー$E=K+\mathrm{mc}^2=\mathrm{mc}^2\gamma$ とする．以下同じ．

問6-5 式(5-8)において，疑問点(4) (→P76)に答えよ．

(8) 保存則

孤立系の二つの粒子A,Bの衝突を例にとる．衝突前を1，後を2と識別すると，2元運動量保存則より

$$p_1^A+p_1^B=p_2^A+p_2^B$$
$$p=\mathrm{m}\gamma\binom{v}{1}=\binom{p}{E/c^2} より \quad 空間成分と時間成分に分けると$$

$$p_1^A + p_1^B = p_2^A + p_2^B \quad \text{(第1式　運動量保存則)}$$

$$E_1^A + E_1^B = E_2^A + E_2^B \quad \text{(第2式　エネルギー保存則)　または} c^2 \text{で除して}$$

$$m_1^A \gamma_1^A + m_1^B \gamma_1^B = m_2^A \gamma_2^A + m_2^B \gamma_2^B \quad \text{(第2式　相対的質量} m\gamma \text{保存則)}$$

がなりたつ. $m_1^A \neq m_2^A$ と衝突前後に何らかの原因で粒子Aの質量が増減しても, また粒子の数が増減してもなりたつ. 衝突前の粒子の相対的質量の和より, 衝突後の粒子の相対的質量の和が小さいとき**質量欠損**といい, 内部エネルギーの一部(Δmc^2に相当)が解放され, 莫大な外部エネルギーとして放射エネルギーや熱エネルギーや運動エネルギーとなる. ウラニウムの核分裂や, 太陽内で起きている水素の核融合などがこれである.

問6-6 今までの時空2次元模型の理論を, 時空4次元模型に拡張せよ.
ヒント. 空間 y,z軸が追加されるので, 変換が4×4行列となる.
　(1)空間2, 3次元の回転変換とそれぞれ対応する斜鏡映変換が加わり, 4×4行列のローレンツ変換に拡張される.
　(2)可換等対角線型変換の可換性が失われる.
　(3)時間縮小効果がy,z軸に影響を及ぼすことがある. 特に速度.
　(4) 2元ベクトルを4元ベクトルに拡張する.

§6.7　光速度不変の条件を使わないローレンツ変換

　イグナトフスキーは1910年**相対性原理によれば速度の普遍定数が存在する**ことを主張した. 1911年フランクとローテは群論により同じ命題を証明したと主張したが, 複雑な理論のため理解されなかった. 早い段階で, 相対性原理が速度定数をもつことが提示された.

　その後座標変換を重ねると座標変換となることを用いて, 光速度不変の原理を仮定せずにローレンツ変換を導く方法が知られた. 1975年のリーとカロタスの論文など, 同様な幾十もの論文があるので, 論文[83][85]の末尾関連論文一覧表を参照されたい.

　これらはいずれも座標の逐次変換が座標変換群をつくることから出発して, 光速度不変の原理を前提とせずにローレンツ変換を得ている. 群論というのは

ロープウェイで山頂に降り立つようなもので，山脈や地溝帯はよく見えるが，谷底の沢や湧水の水脈までは見えないものとみえる．

回転群やローレンツ群を支える対称性のきたる所以を，時空間に尋ねたのが本書である．

A great physical theory is not mature until it has been put in a precise mathematical form, and it is often only in such a mature form that it admits clear answers to conceptual problems.

A.S. Wightman 1976

自然は不可思議でも，真理は平凡である．

巻末   問の答

答1-1 公準3→回転変換がなりたつ.   公準3，4→鏡映変換がなりたつ.
              →両変換がなりたつ平面は，表裏対称平面である.

答1-2 新公準　平面はその上の任意の直線で裏返した平面と等しい.
公準3公準4を定理に変更する.
（旧公準3）任意の点を中心として任意の半径の円を描くこと
　定理　任意の点を中心として任意の半径の円を描くことができる.
証明【公理7(互いに重なり合うものは、互いに等しい)より，平面の表裏で重なる図形
は等しい. 表裏重なる線分の裏面の線分を，その一端を通る任意の方向の直線で裏返す
とき，表面において一端点を中心とするすべての方向の線分とすることができ，それら
はすべて等しい. 定義より線分は半径であり，他端は円を描く.】
（旧公準4）すべての直角は互いに等しいこと
　定理　すべての直線および直角は互いに等しい.
証明【表裏重なる直線の，裏面の直線をそれと異なる任意の直線で折返せば，表面のす
べての直線が得られ，それらはすべて裏面の直線と等しい. 任意の位置と方向の直角は
，直角の乗る直線上の平角より定義できる. すべての直線は等しく，その平角も等しく
，すべての直角も等しい.】

答2-1 (1) 固有方程式より，$(a-\lambda)/c = b/(d-\lambda)$ だから
(2) $A = \begin{pmatrix} a & b \\ c & d \end{pmatrix}$ の固有値を $\alpha \neq \beta$ とする.
対角化行列　$D = \begin{pmatrix} \alpha & 0 \\ 0 & \beta \end{pmatrix}$ とすると　$D^n = \begin{pmatrix} \alpha^n & 0 \\ 0 & \beta^n \end{pmatrix}$.
固有ベクトルよりなる行列 $U = \begin{pmatrix} b & b \\ \alpha-a & \beta-a \end{pmatrix}$, $U^{-1}AU = D$ だから両辺を n 乗して
$$\left(U^{-1}AU\right)^n = U^{-1}AUU^{-1}AU \cdots U^{-1}AUU^{-1}AU = U^{-1}A^nU = D^n$$
両辺左に U をかけて　$A^n U = U D^n$
U をベクトルに分解してかけば　$A^n \begin{pmatrix} b \\ \alpha-a \end{pmatrix} = \alpha^n \begin{pmatrix} b \\ \alpha-a \end{pmatrix}$, $A^n \begin{pmatrix} b \\ \beta-a \end{pmatrix} = \beta^n \begin{pmatrix} b \\ \beta-a \end{pmatrix}$
これは A^n の固有ベクトルは不変，固有値は α^n, β^n であることを示す.
$A^n = E$ のとき，$D^n = E$ ⇔ $\alpha^n = \beta^n = 1$ である.

答2-3 (1) $p_2 = Ap_1$ として　$f(p_2) = x_2y_2 = f(Ap_1) = (ax_1 + by_1)(cx_1 + dy_1)$
$= acx_1^2 + bdy_1^2 + (ad+bc)x_1y_1 = x_1y_1 = f(p_1)$　がなりたつから　$ac = bd = 0$, $ad + bc = 1$.

よって必要十分条件は　$a=d=0,\ bc=1$　または　$b=c=0,\ ad=1$　（1984 京都大）

(2) 直線を線型変換したとき，不動点直線は個々の点が不動点となっている直線で折返し線ともいう．直線を線型変換したとき，不変直線は直線式は不変であるが，個々の点は変換されて不変直線上で移動する直線．

(3) $q=Ap$ とする．関数f(p)に線形変換Aを施したとき，f(p)=f($A^{-1}q$)=g(q)となる．関数fとgは一般に異なるが，f(p)=g(p)と一致するとき，不変関数である．これは**相対性原理の概念**そのものである．

答2-5 $G,\ B,\ M,$ の順に，固有値は$\lambda=1$（重根），$\pm1,\ \pm1$

不動点直線は順に　$f:y=0$（x軸），　　$y=x$,　　$x=0$（y軸）

不変直線は順に　　$g:$f(p)=y,　　f(p)=$x+y$,　　f(p)=$2y$

Gは $y=0$ を不動点直線とし，不変直線f(Gp)=f(p)=$y=k$ 上に変換がなされる平面，B は直線$y=x$を対称軸とする対称平面，Mはy軸を対称軸とする対称平面である．

答2-7 (1)$b=c=0$のとき行列Aは対角行列となる．

　　　　　$b=0,\ c\neq0$のとき，Sはガリレイ変換($b\neq0,\ c=0$)に組み直すこと可．

(2)変換Aを座標変換と考えると，θは両y軸のなす角度(偏角：楕円角または双曲角)を表わす．

証明【$q=Sp$ より点$p=\begin{pmatrix}0\\1\end{pmatrix}$, $q=Sp=S\begin{pmatrix}0\\1\end{pmatrix}=\begin{pmatrix}b\\m-hb\end{pmatrix}$. 先走りするが，両ベクトルの内積(定義2-8)をとると，$(p,q)=m-hb+hb=m=\cos\theta$, または$\cosh\theta$　となる．Sを座標変換と考えるとき，θは両y軸のなす偏角を表わす．】

(3) $A_1=\begin{pmatrix}a_1&b_1\\c_1&d_1\end{pmatrix}$, $A_2=\begin{pmatrix}a_2&b_2\\c_2&d_2\end{pmatrix}$ とすると，$A_1A_2=A_2A_1$ がなりたつ．

よって一般に，$c_1/b_1=c_2/b_2=k$, $(a_1-d_1)/b_1=(a_2-d_2)/b_2=2h$, ここに$k,h$は可換定数，$b_1\neq0,\ b_2\neq0$とする．また対角行列どうしは，可換である．

可換行列は，$A_1=\begin{pmatrix}a&b\\kb&a-2hb\end{pmatrix}$ の形である．

答2-8 固有値$\lambda=m=1$(重根)　または　$\lambda=m=-1$(重根)，　$|S|=1$

$\lambda=1$のとき，不動点直線$f:y=-hx$, 不変直線$g:$f(p)=$hx+y$, Sは推移的．

$\lambda=-1$のとき，反転直線：$y=-hx$, 反転不変直線$g:hx+y=\pm r$, Sは遷移的．

2 次不変関数は共に　$\phi(p)=(hx+y)^2$, 例$\begin{pmatrix}2&1\\-1&0\end{pmatrix}$,$\lambda=1$,　$\begin{pmatrix}0&1\\-1&-2\end{pmatrix}$,$\lambda=-1$

答2-11 $|A_1|=1$, $|A_2|=|A_3|=-1$, $A_2=-i\begin{pmatrix}i&i\\2i&i\end{pmatrix}$, $A_3=-i\begin{pmatrix}(2-\sqrt{3})i&(1-\sqrt{3})i\\(2-\sqrt{3})i&(1-\sqrt{3})i\end{pmatrix}$

$k=2,\ 2h=0$, 不変関数は　$\phi(p)=-2x^2+y^2$

$\cosh\theta_1=-\sqrt{3}$, $\sinh\theta_1=\sqrt{2}$, $e^{\theta_1}=\cosh\theta_1+\sinh\theta_1=\sqrt{2}-\sqrt{3}$

$\cosh\theta_2=i$, $\sinh\theta_2=\sqrt{2}i$, $e^{\theta_2}=(1+\sqrt{2})i$

$\cosh\theta_3=(2-\sqrt{3})i$, $\sinh\theta_3=\sqrt{2}(1-\sqrt{3})i$, $e^{\theta_3}=(2-\sqrt{3}+\sqrt{2}-\sqrt{6})i=e^{\theta_1}e^{\theta_2}=e^{\theta_1+\theta_2}$

よって複素数の範囲でも $\theta_1+\theta_2=\theta_3$ がなりたつ.

このとき, 点 $\begin{pmatrix}0\\1\end{pmatrix}$ は $\phi(p)=-2x^2+y^2=1$ の分岐した他方の双曲線上に遷移的に $A_1\begin{pmatrix}0\\1\end{pmatrix}\to\begin{pmatrix}1\\-\sqrt{3}\end{pmatrix}$ と移動, 次に共役双曲線 $\phi(p)=-2x^2+y^2=-1$ 上の点に $A_2\begin{pmatrix}1\\-\sqrt{3}\end{pmatrix}=\begin{pmatrix}1-\sqrt{3}\\2-\sqrt{3}\end{pmatrix}$ と遷移的に移動する.

答 2-12 (1) $|X|^2=|A_1|=1$, $|X|=\pm 1$. 2×2行列の極形式より, $k=2$, $h=0$, $\Delta=h^2+k=2>0$, よってA_1は双曲型. $\cosh\theta=m=17$, $\sinh\theta=b\sqrt{\Delta}=12\sqrt{2}$, $A_1=\begin{pmatrix}\cosh\theta & \sinh\theta/\sqrt{2}\\\sqrt{2}\sinh\theta & \cosh\theta\end{pmatrix}$, $e^\theta=\cosh\theta+\sinh\theta=17+12\sqrt{2}=(3+2\sqrt{2})^2e^{2m\pi i}$.

$|X|=1$のとき, $\theta=2\ln(3+2\sqrt{2})+2m\pi i$, $\varphi=\theta/2=\ln(3+2\sqrt{2})+m\pi i$. $\cosh\varphi=3$, $\sinh\varphi=2\sqrt{2}$. $m=0\sim1$ とおくと $e^{m\pi i}=\pm1$, よって $X=\pm\begin{pmatrix}3&2\\4&3\end{pmatrix}$

$|X|=-1$のとき, $|X|^{1/2}=\pm i$, $\cosh\varphi=2\sqrt{2}i$, $\sinh\varphi=3i$, $e^\theta=(3+2\sqrt{2})i$の解がある. $X=\pm\begin{pmatrix}2\sqrt{2}&3/\sqrt{2}\\3\sqrt{2}&2\sqrt{2}\end{pmatrix}$.

(2) $|X|^4=|A_1|=1$, $|X|=\pm1$（実数解）. $e^\theta=(1+\sqrt{2})^4e^{2m\pi i}$. $\varphi=\theta/4=\ln(1+\sqrt{2})+m\pi i/2$, $m=0\sim3$.   (2-1)$m=0,2$のとき, $e^{m\pi i/2}=\pm1$, $\cosh\varphi=\sqrt{2}$, $\sinh\varphi=1$, $X=\pm\begin{pmatrix}\sqrt{2}&1/\sqrt{2}\\\sqrt{2}&\sqrt{2}\end{pmatrix}$, $|X|=1$.   (2-2)$m=1,3$のとき, $e^{m\pi i/2}=\pm i$, $\cosh\varphi=i$, $\sinh\varphi=\sqrt{2}i$, $|A_2|^{1/2}=i$, $X=\mp i\begin{pmatrix}i&i\\2i&i\end{pmatrix}=\pm\begin{pmatrix}1&1\\2&1\end{pmatrix}$, $|X|=-1$.

(3) $|X|^4=|A_2|=1$, $|X|=\pm1$（実数解）. $k=-1$, $2h=1$, $\Delta=-3/4<0$, よってA_2は楕円型で$|X|=1$, $\cos\theta=-1/2$, $\sin\theta=-\sqrt{3}/2$, $\theta=4\pi/3+2m\pi$, $A_2=\begin{pmatrix}\cos\theta+\sin\theta/\sqrt{3} & 2\sin\theta/\sqrt{3}\\-2\sin\theta/\sqrt{3} & \cos\theta-\sin\theta/\sqrt{3}\end{pmatrix}$, $\varphi=\theta/4=\pi/3+m\pi/2$, $m=0\sim3$. とおくと, $m=0,2,1,3$の順に, $\varphi=\pi/3$, $4\pi/3$, $5\pi/6$, $11\pi/6$, これらを順次A_2の極形式に代入 ($\varphi\to\theta$)すると, $X=\pm\begin{pmatrix}1&1\\-1&0\end{pmatrix}$, $\mp\frac{1}{\sqrt{3}}\begin{pmatrix}1&-1\\1&2\end{pmatrix}$.

答 2-13 懸賞問題

(後日ウェブサイトに公表)

答2-15 (1) 証明は 2-1(2) に準ずる.

$S_\mathrm{i} = \begin{pmatrix} m_\mathrm{i} + hb_\mathrm{i} & b_\mathrm{i} \\ kb_\mathrm{i} & m_\mathrm{i} - hb_\mathrm{i} \end{pmatrix}$, $\det S_\mathrm{i} = 1$, $D_\mathrm{i} = \begin{pmatrix} \alpha_\mathrm{i} & 0 \\ 0 & \beta_\mathrm{i} \end{pmatrix}$ とする. ここにi=1~n.

固有値 $\lambda_\mathrm{i} = m_\mathrm{i} \pm \sqrt{\Delta}\,b_\mathrm{i}$ だから $\lambda_\mathrm{i} - a = 2h \pm \sqrt{\Delta}$

S_i に対して適当な対角化行列 U_i が存在して, $U_\mathrm{i}^{-1} S_\mathrm{i} U_\mathrm{i} = D_\mathrm{i}$ となる.

対角化行列 $U_\mathrm{i} = \begin{pmatrix} b_i & b_i \\ \alpha_\mathrm{i} - a & \beta_\mathrm{i} - a \end{pmatrix} = b_i \begin{pmatrix} 1 & 1 \\ -2h + \sqrt{\Delta} & -2h - \sqrt{\Delta} \end{pmatrix} = b_i\, V_i$ とすると,

$\Pi(U_\mathrm{i}^{-1} S_\mathrm{i} U_\mathrm{i})^n = \Pi(b_i^{-1} V_\mathrm{i}^{-1} S_i b_i V_\mathrm{i}) = \Pi(V_\mathrm{i}^{-1} S_\mathrm{i} V_\mathrm{i}) = \Pi D_\mathrm{i}$ ←h, Δ は定数だから

よって $\Pi D_\mathrm{i} = \Pi \begin{pmatrix} \alpha_\mathrm{i} & 0 \\ 0 & \beta_\mathrm{i} \end{pmatrix} = E$ のとき $\Pi \alpha_\mathrm{i} = \Pi \beta_\mathrm{i} = 1$ がなりたつ.

(2) → §3-4

答2-16 (1) 可換一般線型変換周回定理

$\Pi A_{\mathrm{ij}} = \Pi |A_{\mathrm{ij}}|^{1/2} S_{\mathrm{ij}}(\theta_{\mathrm{ij}}, k, h) = E$ より $\Pi |A_{\mathrm{ij}}|^{1/2} = 1$, かつ $\Pi S_{\mathrm{ij}}(\theta_{\mathrm{ij}}, k, h) = E$.

偏角の加法周回や不変関数は可換特殊線型変換周回定理と同じである.

(2) 可換一般等対角変換周回定理

$\Pi A_{\mathrm{ij}} = \Pi |A_{\mathrm{ij}}|^{1/2} S_{\mathrm{ij}}(\theta_{\mathrm{ij}}, k, 0) = E$, $\Pi |A_{\mathrm{ij}}|^{1/2} = 1$, かつ $\Pi S_{\mathrm{ij}}(\theta_{\mathrm{ij}}, k, 0) = \Pi F_{\mathrm{ij}}(\theta_{\mathrm{ij}}, k) = E$.

偏角の加法周回や不変関数は可換特殊等対角変換周回定理と同じである.

線倍率 $|A_{\mathrm{ij}}|^{1/2}$ は拡大縮小を表わし, 各 $|A_{\mathrm{ij}}|^{1/2} = 1$ のとき表裏対称平面の幾何に帰着するから, 相似の幾何となる.

答2-17 (1) $k = -2$, $2h = 2$, $\Delta = -1$, 楕円型, $S = \begin{pmatrix} \cos\theta + \sin\theta & \sin\theta \\ -2\sin\theta & \cos\theta - \sin\theta \end{pmatrix}$

$\phi(p) = 2x^2 + y^2 + 2xy$, $\cos\theta_1 = m = 0$, $\sin\theta_1 = \sqrt{-\Delta}\,b = 1$, $\theta_1 = \pi/2$, $\theta_2 = 3\pi/4$,

$\theta_3 = \pi/4$, $S_1 S_2 S_3 S_4 = E$　より　$\theta_4 = 2\pi - (\theta_1 + \theta_2 + \theta_3) = 2\pi - 3\pi/2 = \pi/2$,　$S_4 = S_1$,　各 $\sqrt{\Delta} = i$, m_{ij}, b_{ij} を各代入して,

$\prod(m_{ij} \pm \sqrt{\Delta} b_{ij}) = (\pm i)(-1\sqrt{2} \pm i/\sqrt{2})(1\sqrt{2} \pm i/\sqrt{2})(\pm i) = 1$　がなりたつ.

(2) $k = 1/2$, $h = 0$, $\Delta = 1/2$, 双曲型,　$T = \begin{pmatrix} \cosh\theta & \sqrt{2}\sinh\theta \\ \sinh\theta/\sqrt{2} & \cosh\theta \end{pmatrix}$,　$\phi(p) = -x^2/2 + y^2$,

$T_1 T_2 T_3 = E$, $\cosh\theta_1 = m = \sqrt{3}$, $\sinh\theta_1 = \sqrt{\Delta}b = \sqrt{2}$, $e^{\theta_1} = \sqrt{3} + \sqrt{2}$, $\theta_1 = \ln(\sqrt{3} + \sqrt{2}) = 1.146 = 66°$, $\theta_2 = 1.763 = 101°$, $\theta_3 = -2.909 = -167°$, $\theta_1 + \theta_2 + \theta_3 = 0$, $\prod(a_{ij} \pm \sqrt{k}b_{ij}) = 1$　がなりたつ.

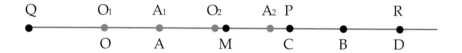

答3-1 定理3-1 直線は, その上で任意に並進不変であり, 線型性をもつ

証明【一本の直線を反転しても不変だから一本の直線である. 直線はその上の任意の点に対して, 反転対称な2本の半直線よりなる. 直線上の任意の2点をO_1, A_1とする. 点A_1で直線を反転すると, 点O_1が同じ直線上の点O_2に反転する. A_1は$O_1 O_2$の中点である.

(1)直線を$O_1 \to O_2$に平行移動するとき, 点O_1とO_2は中点A_1に対して反転点である. 任意の点P(図ではC)を点A_1に対して反転した点をQとする. 点QをO_2に対して反転した点を点Rとすると, 点PとO_1の関係は, 点RとO_2の関係に等しい. 任意の点Pでこの関係($O_1 O_2 = PR$, $O_1 P = O_2 R$)がなりたつので, 直線は併進不変である.

(2)点O_2で再度反転すると点A_1が点A_2に反転する, という具合に繰返せば点列が$O_1 A_1 O_2 A_2 O_3 A_3 \ldots$, とすべて等しい線分比に並び, 逆の方向も同じである. 直線は2点O_1, O_2を単位目盛とした線となるので, 線型性がある.

系1　直線は単に単位目盛が並ぶものであるが, 直線上に任意に数直線をはることにより, その正負の向きをもたせることができる.

系2　直線上の任意のベクトルを$\overrightarrow{OA}$とする. 直線上に任意の第3点Bをとる. 線分OBの中点Mで直線を反転すると, 点A→点Cに移動する. 元の点Bで直線を再度反転すると, 点Cは点Dに移動する. ベクトル$\overrightarrow{BD}$とベクトル$\overrightarrow{OA}$は向きが等しく比は1であり, 対称である.】

答3-2 (1) 定理 3-2　平面の要素である任意の直線が線型性をもつから．平面も線型性をもつ．

系 1, 2　省略，定理 3-1 の証明に準ずる．

(2) 第2章全体の結論より，二つの同位角は等しいといえる．

同位角を挟むベクトルの組は，一方から他方に平行移動して作られる．平行移動は，直線を恒等変換(E)してから，同じ平面内平行移動が行われると考える($q = Ep + a = p + a$)と，可換係数k,hで定まる平面の型は，不定であるが一定が保たれる．よって同位角を挟むベクトルの組が互いに等しいとき，ベクトルの組の内積＝$\cos\theta$または$\cosh\theta$は等しい．よってθの示す二つの同位角は等しい．ただしθの値は決まらない．

別解　(2) 二つの同位角は等しいといえる．

同位角を挟むベクトルの組は，一方から他方に平行移動して対称である．一般線型変換は　$A = |A|^{1/2} S(\theta,k,h)$, $|A| \neq 0$　と極形式で表現できる．2本の平行線は，中間の平行線(折返し線)上に原点を置いて斜鏡映変換Bを施す関係にある．2本の平行線と等方線の交角が同位角である(定理3-3より)．可換係数k,hで定まる平面の型は，一定に保たれると考えると，同位角を挟むベクトルの組は互いに等しく，それらの組の内積($=\cos\theta$または $\cosh\theta$) もまた等しい．よってθの示す二つの同位角は等しい．ただし偏角θの値は決まらない．

同位角が等しいから，三角形の内角の和は平角である．

答3-4　　$F = \quad MB$はBのx反転

$F = -MB$はBのy反転

$F = \quad BM$はBのy軸反転

$F = - BM$はBのx軸反転

いずれもBの裏返しである．

答3-5 漸近線$y = \pm\sqrt{k}x$はそれぞれそれ自身と直交する($\pm\sqrt{k}^2 = k$　直交)．漸近線は不動点直線と反転点直線が限りなく重なったものと考えられるが，漸近線上の点が不動点と反転点の性質を併せ持つのは考え難い．kを固定した場合，漸近線が斜対称平面をつくることはないが，$k>0$を可変にした場合，平面上のいずれの直線で折返しても，平面は反転不変である，といえる．

答3-6 多群島海洋国パラネシアは，東西に流れる大海流のため，海路の公定運賃mを$m^2 = x^2/4 + y^2$ と定めている．任意の原点より，xは東西方向，yは南北方向の座標点(km)

である．運賃mをノルムとして，例えばA島からとB島からの運賃比が3：1の点の軌跡は楕円となる．この海路の運賃平面は拡張ユークリッド平面である．

答3-7 変換Bの座標軸をx-y→x_2-y_2，変換Fの座標軸をx-y→x_F-y_Fと表わす．

(1)$k<0$のとき特に$k=-1$のとき，2次不変関数 $\phi(Bp)=\phi(Fp)=\phi(p)=x^2+y^2$ は円であり，Fは回転変換，Bは鏡映変換である．ここでは $F=BM=\begin{pmatrix} a & b \\ c & a \end{pmatrix}$，$M=\begin{pmatrix} 1 & 0 \\ 0 & -1 \end{pmatrix}$，$B=FM=\begin{pmatrix} a & -b \\ c & -a \end{pmatrix}$ と先にx_2-y_2軸をx鏡映変換Mでx_F-y_F軸に変換し(裏返し)，x-y軸からx_F-y_F軸に回転変換Fを行う順序とした．回転変換Fは極形式より，回転角$\theta=-\pi/3$のとき，$a=\cos\theta=1/2$, $b=\sin\theta=-\sqrt{3}/2=-c$ となり

$$F=\begin{pmatrix} \cos\theta & \sin\theta \\ -\sin\theta & \cos\theta \end{pmatrix}=\frac{1}{2}\begin{pmatrix} 1 & -\sqrt{3} \\ \sqrt{3} & 1 \end{pmatrix}，\quad B=\begin{pmatrix} a & -b \\ c & -a \end{pmatrix}=\frac{1}{2}\begin{pmatrix} 1 & \sqrt{3} \\ \sqrt{3} & -1 \end{pmatrix}$$

折返し線f：$x/2+\sqrt{3}y/2=x$, $y=\dfrac{x}{\sqrt{3}}$

等方線g：$x/2+\sqrt{3}y/2=-x$, $y=-\sqrt{3}x$

裏面座標系　x_2軸：$y=\dfrac{c}{a}x=\sqrt{3}x$, 　y_2軸：$y=-\dfrac{x}{\sqrt{3}}$

回転座標変換Fについて　x_F軸：$y=-\sqrt{3}x$, 　y_F軸：$y=\dfrac{x}{\sqrt{3}}$

$$r-p=B\ p-r$$

図に点pの表面図形変換FとBおよび背面座標変換Bを描画する．

不変関数 $\phi(p)=x^2+y^2$上で

表面周回　p(表)→Fp(表)→BFp(表)→$FBFp=Bp$(表)→$BFBp=p$(表)

表裏周回　p(表)→Fp(表)→BFp(裏)→$FBFp=Bp$(裏)→$BFBp=p$(表)

裏面周回　p(裏)→Fp(裏)→BFp(裏)→$FBFp=Bp$(裏)→$BFBp=p$(裏)

となり，表裏同一となる．表面座標系x-yが右手系で，裏面座標系x_2-y_2が裏面右手系のため，表の回転Fと裏の回転Fとは，逆回りである．

また閉じた台形上で表面図形変換$X=\det X\cdot S$, $\det S=1$とするとき，

p(表)→$Xp=\det X\cdot Sp$(表)→$BXp=\det X\cdot B\ Sp$(表)→

$\qquad S\ B\ Sp=Bp$(表)→$B\ S\ B\ Sp=p$(表)　　　　がなりたつ．

　図の表面x-y軸を裏からみた裏面x_2-y_2軸は，座標軸変数をx-yからx_2-y_2に入替えるだけで，表裏同形である．→紙面の裏側から透かせて見る．ただし表面実線p→Fpは裏面破線p→Fpに対応する．

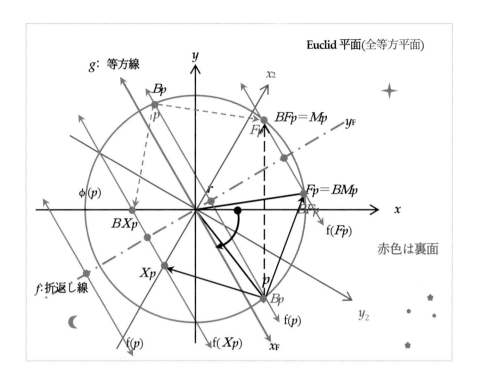

(2)$k>0$のとき特に$k=1$のとき，2次不変関数　$\phi(p)=-x^2+y^2$　は双曲線である．
$c=\sinh\theta=3/4$，$a=\cosh\theta=5/4$　のとき，$\theta=\ln 2$.
$$B=\frac{1}{4}\begin{pmatrix}-5 & 3 \\ -3 & 5\end{pmatrix},\ M=\begin{pmatrix}-1 & 0 \\ 0 & 1\end{pmatrix},\ F=BM=\frac{1}{4}\begin{pmatrix}5 & 3 \\ 3 & 5\end{pmatrix}$$
とする．先にx_2-y_2軸をy軸鏡映変換Mでx_F-y_F軸に変換し(裏返し)，x-y軸からx_F-y_F軸にローレンツ変換Fを行う順序とした．

　　　$r-p=B\,p-r$

折返し線　$f:y=\dfrac{c}{a-1}x=3x$　　　　　等方線　$g:y=\dfrac{c}{a+1}x=x/3=\tanh(\theta/2)\cdot x$

裏面　y_2軸：$y=\dfrac{c}{a}x=5x/3$　　　　x_2軸：$y=3x/5=\tanh\theta\cdot x$

裏面から見るとき，x_2-y_2軸を$90°$に直交させて描くと，表面の座標軸が斜交して見えるが，2次不変関数は

表面：$\phi(p)=-kx^2+y^2=-kx_2^2+y^2=\phi(p_2)$：裏面

であり，互いに同形である．表面x-yの座標軸を$90°$に描くのは便宜によるものである．

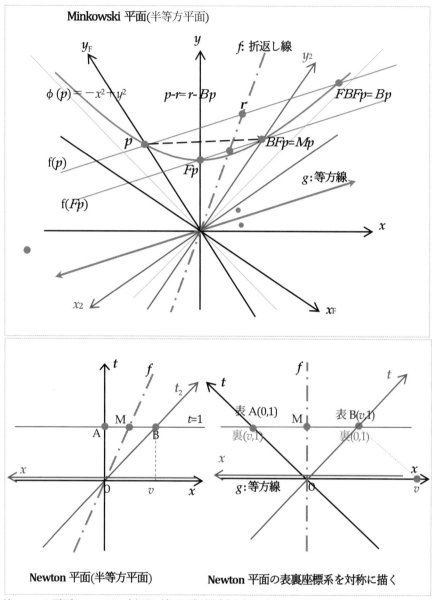

Minkowski 平面(半等方平面)

$\phi(p) = -x^2 + y^2$ $p\text{-}r = r\text{-}Bp$ $FBFp = Bp$

$BFp = Mp$

f(p)

f(Fp) Fp g:等方線

x_2 x_F

Newton 平面(半等方平面)

表 A(0,1)   M   表 B(v,1)
裏(v,1)   裏(0,1)

g:等方線

Newton 平面の表裏座標系を対称に描く

注　3つの平面において，折返し線は両慣性座標系($x\text{-}y$と$x\text{-}_2y_2$)の中線である.

(3)$k=0$ のとき，$B=\begin{pmatrix}-1 & v \\ 0 & 1\end{pmatrix}$, $F=BM=\begin{pmatrix}1 & v \\ 0 & 1\end{pmatrix}$, $M=\begin{pmatrix}-1 & 0 \\ 0 & 1\end{pmatrix}$.

Fをガリレイ変換，この平面をニュートン平面という．$y=t$(時間)として，

折返し線$f:-x+vt=x \Leftrightarrow vt=2x,$ 　　等方線$g:t=0.$

不変直線$:f(Bp)=f(p)=t,$ 　　　不変関数$:\phi(Bp)=\phi(Fp)=\phi(p)=t^2.$

変換Bより裏面座標軸　t_2軸 $x_2=-x+vt=0$ 　　x_2軸 $t_2=t=0$

$\triangle OAM \equiv \triangle OBM(OA=OB=1, AM=BM=v/2)$がなりたつ．

(1), (2), (3)において，折返し線fを縦軸に等方線gを横軸に互いに垂直に描くと，背面から見た景色は，正面から見た景色と全く一致する．

答4-1(1)宿題とする.

(2)拡張ユークリッド平面になりたつ拡張ユークリッド幾何の仕様

空間(平面)名	拡張ユークリッド平面 (楕円平面)
平面の等方性	全等方平面 (空間×空間)
成り立つ幾何学	拡張ユークリッド幾何
線型平面の不変変換	並進不変 $Ep+r=q,$ f$(Ep)=$f$(q-r)$
2元ベクトルp	$p=\begin{pmatrix} x \\ y \end{pmatrix},$ 座標系交角 θ (楕円角)
表裏対称平面の不変変換 　F:楕円変換 　B: 鏡映変換(線対称変換) 　F, B併せて直交変換	$F=\begin{pmatrix} a & b \\ kb & a \end{pmatrix}=\begin{pmatrix} \cos\theta & \sin\theta/\sqrt{-k} \\ -\sqrt{-k}\sin\theta & \cos\theta \end{pmatrix}$ $B=\begin{pmatrix} -\cos\theta & -\sin\theta/\sqrt{-k} \\ -\sqrt{-k}\sin\theta & \cos\theta \end{pmatrix}=B^{-1}$ $F=MB, M=\begin{pmatrix} -1 & 0 \\ 0 & 1 \end{pmatrix}=FB, B=MF$
基本不変量(可換係数) 座標変換不変量	$k<0, h=0$ (表裏対称平面) 長さr, 内積, 楕円角θ, 外積, 面積
2次不変関数と不変量	$\phi(Bp)=\phi(Fp)=\phi(p)=-kx^2+y^2=r^2$
ノルムr定義 2点p, qの距離の2乗	$\|p\|=\phi(p)^{1/2}=(-kx^2+y^2)^{1/2}=r$ 長さ $\|q-p\|^2=\phi(q-p)=-k(x_2-x_1)^2+(y_2-y_1)^2$
内積 (p,q) 偏角 θ (楕円角) シュワルツの不等式	$(p,q)=-kx_1x_2+y_1y_2=\|p\|\|q\|\cos\theta$ $\cos\theta=(p,q)/(\|p\|\|q\|)$ $-(\|p\|\|q\|)\leqq(p,q)\leqq(\|p\|\|q\|)$
単位円	$-k(x-x_0)^2+(y-y_0)^2=1$
直線 l_1, l_2 直角，直交 直交偏角，平角	$y=m_1x+r_1, y=m_2x+r_2$ $(p,q)=-kx_1x_2+y_1y_2=0, m_1m_2=k$ 直交 $\pm\pi/2, \cos\pi/2=0, \sin\pi=0$

平行　$l_1 /\!/ l_2$	$m_1 = m_2,\ n_1 \neq n_2$
一致　$l_1 = l_2$	$m_1 = m_2,\ n_1 = n_2$
余弦定理	$c^2 = a^2 + b^2 - 2ab \cos C$
三角不等式	$\|p+q\| \leqq \|p\| + \|q\|$
線分の合同，三角形の合同	$q = Rp,\ \|q_j - q_i\|^2 = \|q_{ij}\|^2 = \phi(Rp_{ij})$
	$= \phi(p_{ij}) = \|p_{ij}\|^2 = \|p_j - p_i\|^2$

答4-2 三角形 $p,q,(p \pm q)$ において，$(p,q) = 0$.

余弦定理より，$\|p \pm q\|^2 \equiv \phi(p \pm q) = \|p\|^2 + \|q\|^2 \pm 2(p,q) = \|p\|^2 + \|q\|^2$

がなりたつ.

答4-3 三角形ABCの対応する辺のベクトルをBC=a, CA=b, AB=c, $\|a\| = a$,

$\|b\| = b$, $\|c\| = c$ とすると，$a+b+c=0$ である. 隣合う辺の外積において

$\underline{a \times b} = (-b-c) \times b = -b \times b - c \times b = \underline{b \times c}$ (同様に) $= \underline{c \times a}$

(1) ユークリッド平面の外積の定義より　$ab \sin C = bc \sin A = ca \sin B$

abc で除して逆数をとると　$a / \sin A = b / \sin B = c / \sin C = 2r$　　　正弦定理

ここに　$(a,b)=0$ のとき $\angle C = \pi/2$, $c=2r$, $2r \sin A = a$, r は三角形ABCの外接円の半径.

(2) ミンコフスキー平面でも同様に　$a / \sinh A = b / \sinh B = c / \sinh C = 2r$　双曲正弦定理

ここに　$(a,b)=0$ のとき $\angle C = i\pi/2$, $c=2r$, $2r \sinh A = a$.

また　三角形ABCの面積は $ab \sinh C /2 = abc/(4r)$.

答5-1 ミンコフスキー平面は無数の斜鏡映平面を含む. **答3-7** のMinkowski平面図を参照のこと. 折返し線が傾いたとき変わらないものは，2次不変関数と漸近線. 基準系 x-y 軸を固定して表現することもできる.

斜鏡映平面の折返し線と等方線は直交の定義より直交であるが，見た目は一般に斜交している. 両線が斜交していても，数式上反転対称であるので，斜鏡映平面という.

答5-2 (1) 3個の慣性系について式(5-7)がなりたつ. 3個の慣性系 1, $n-1$, n について，式(5-7)を適用して順次展開する. $v_{n1} = v(n,1) = -v(1,n)$ と表記すれば

$(c+v(1,n-1))(c+v(n-1,n))\underline{(c+v(n,1))} = (c-(1,n-1))(c-v(n-1,n))\underline{(c-v(n,1))}$

$\Leftrightarrow\ (c+v(n,1)) / (c-v(n,1))$

$= \underline{(c-v(1,n-1))}(c-v(n-1,n)) /$

$\underline{(c+v(1,n-1))}(c+v(n-1,n))$

$$=\underline{(c-v(1,n-2))(c-v(n-2,n-1))(c-v(n-1,n))}\Big/$$
$$\underline{(c+v(1,n-2))(c+v(n-2,n-1))(c+v(n-1,n))}$$

$$=\cdots$$

$$=\prod\underline{(c-v(k,k+1))}\Big/\prod\underline{(c+v(k,k+1))},\quad k=1\sim n-1.$$

よって式(5-5)がなりたつ.

(2) n個の慣性系において

系1と系2は対称だから $\quad x_2=\gamma(v_{12})(x_1-v_{12}t_1),\quad x_1=\gamma(v_{21})(x_2-v_{21}t_2)$

同様に系2と系3は対称だから $\quad x_3=\gamma(v_{23})(x_2-v_{23}t_2),\quad x_2=\gamma(v_{32})(x_3-v_{32}t_3)$

同様に系3と系1は対称だから $\quad x_1=\gamma(v_{31})(x_3-v_{31}t_n),\quad x_3=\gamma(v_{13})(x_1-v_{13}t_1)$

各行の両式をそれぞれ掛け合わせると, $x_2x_3x_1=x_1x_2x_3$ だから係数$\gamma(v_{ij})$を除して

$$(x_1-v_{12}t_1)(x_2-v_{23}t_2)(x_3-v_{31}t_3)=(x_2-v_{21}t_2)(x_3-v_{32}t_3)(x_1-v_{13}t_1),\quad v_{12}=-v_{21}.$$

原点$x_i=t_i=0$で閃光があったとして,光速度不変 $x_i=ct_i$ を各系に適用すると各系の関係式(5-7)が導かれる.

(3) $\begin{pmatrix}x_2\\t_2\end{pmatrix}=L\begin{pmatrix}x_1\\t_1\end{pmatrix}=\gamma\begin{pmatrix}1&-v\\-v/c^2&1\end{pmatrix}\begin{pmatrix}x_1\\t_1\end{pmatrix}=\gamma\begin{pmatrix}x_1-vt_1\\-vx_1/c^2+t_1\end{pmatrix}$

$\begin{pmatrix}x_1\\t_1\end{pmatrix}$は慣性系1から見た質点の座標,$\begin{pmatrix}x_2\\t_2\end{pmatrix}$は慣性系2から見た質点の座標だから,第1式を第2式で割って,

$$\frac{x_2}{t_2}=\frac{x_1-vt_1}{-vx_1/c^2+t_1}$$

$\frac{x_1}{t_1}=v_1,\ \frac{x_2}{t_2}=v_2$ だから $v_2=\frac{v_1-v}{-vv_1/c^2+1}$, または $v_1=\frac{v+v_2}{1+vv_2/c^2}$ となる.

(4) 空間対称と時間一方 $c\Leftrightarrow-c$, 空間対称 $v_{ij}\Leftrightarrow-v_{ji}$, 慣性系対称 $v_{ij}\Leftrightarrow v_{ji}$, 平面表裏対称 $i\Leftrightarrow j$ をそれぞれ暗示する.

答5-3 $v=0$だから $B=\begin{pmatrix}-1&0\\0&1\end{pmatrix}$, $L=MB=\begin{pmatrix}1&0\\0&1\end{pmatrix}$.

答6-1 空×空 空間では,ユークリッド距離が空間不変量である.
空×時 空間では,空間1次元における線分の長さl^{AB}が空間不変量である.
線分l^{AB}を, $x_2^B=x_1^B-ut,\ x_2^A=x_1^A-ut.$
両辺の差をとり $l^{AB}=x_2^B-x_2^A=x_1^B-x_1^A$

答6-2 引力の逆二乗の力を,次のように考えた.惑星の公転周期をT,公転軌道半径をr,質量をmとすると,
ケプラーの第3法則より $\qquad T^2/r^3=k \qquad$ (kは定数)

惑星の公転速度は $v=2\pi r / T$

円軌道の惑星に働く加速度は $a=v^2 / r$

万有引力の法則は $f=gMm / r^2$ （gは万有引力定数，Mは太陽の質量）

これらの式からT, v, rを消去して $f=(kgM / (4\pi^2))ma$

となり力fは加速度と惑星の質量の積に比例する．

答6-3 地球の半径r_0 km，月の公転半径$r=60r_0$ km，公転周期T s，として

$T=(27{}^*24+8){}^*60^2 =656{}^*60^2$ s，T_0を地表仮想周回周期として

ケプラーの第三法則$k=(656{}^*60^2)^2 / (60r_0)^3 = T_0{}^2 / r_0{}^3$

$2\pi r_0 = 40000{}^*10^3$ m，$v=2\pi r_0 / T_0 = 7.9$ km/s （第一宇宙速度）

加速度 $a=v^2 / r_0 = 2\pi{}^*2\pi r_0 / T_0{}^2 = 9.7$ m/s$^2 = g$

答6-4 $\phi(a) = -a^2\gamma^6/c^2$

答6-5 慣性系の相対速度vは，いずれも絶対速度$c(v/c)$との比として存在するので，矛盾はない．

答6-6 特殊相対論の教科書の一般ローレンツ変換および4元ベクトルを見よ．

あとがき

　明治文明開化より一世紀半になる今日，わが国は技術面では模倣と移植と改善により，多くの分野において欧米と 踵 (きびす) を接するまでに来た．しかし伝統への造反が不可欠である科学においては未だ「借り物」の域を出ていない．ここ150年の総括は，ベルツの忠告[08]を自覚せず，和魂洋才の誤算である．

　終戦直後(1945年9月)の講演を『敗戦真相記』[30]と題して出版した本に，将来の日本を占ってほとんどを当てているが，一つだけ大外れがある．それは「日本は世界有数の文化国家になる」という予想である．これは目標でもあった．その到達した所は「世界二位のバブル破裂国家」と「世界有数の原発汚染国家」である．これは決して偶然や不可抗力ではない．「自由な思考を社会が抑制し個人は自発を欠く」という中世残滓社会の悲劇である．

　私は外資系日本企業に長らく勤めたが，仕事で彼らの飽くなき創造と開拓への意欲を目の当たりにして，わが身のふがいなさを痛感させられた．もって生まれた天性が違うことを自覚しないと，欧米に永久劣後することになる．

　このたび表紙に載せた美しい式を偶然に見つけたので，心してその因ってきたる所以(ゆえん)を探し求めてみた．幸い2×2行列に関する恒等式および極形式表現を探し得て，あのヒトラーの痛い指弾[07]に一矢報いることができたのは本懐である．さらにユークリッド幾何学とニュートン力学と特殊相対論が，平面の表裏対称という同じ淵源をもつ，と見破ることができたのは望外であった．

　国難である．あの日米戦で「科学なき者の最後*」に懲りたはずが，実はそうではなかった．社会のあちこちに陋習(ろうしゅう)・非合理・誤魔化しがはびこるという自滅過程に入っている．世界の大勢に伍するには，いまこそ虚構の権威を打ち破り，「自前」の科学技術を打ち建てるべく若い諸君の大勇に期待する．

　*84000人が死んだ1945.3.10未明279機のB-29による東京空襲の米国ニュース映画の表題

2022年7月17日　H.ポアンカレの命日に，武漢肺炎の鎮静を祈って

藤森　弘章

参照文献

「・・・」は論文名　　『・・・』は書籍名

［00］Euclides『幾何原本』三浦他訳『エウクレイデス全集』東大出版会　2008

［01］寺田寅彦『改造』相対性原理側面観　二，1922.12，寺田寅彦全集第3巻，岩波書店，1960

［02］寺田寅彦『解放』マルコポロから　三，1922.4，　　同　第3巻，同

［03］富塚清『科学日本の建設』　文芸春秋社　1940

［04］中谷宇吉郎「原子爆弾雑話」1945.10.1；『中谷宇吉郎随筆集』岩波書店 1988

［05］日本学術振興会設立趣意書　1932　［現状に対する認識はあった］
「是の故に我が国には世界の第一線に立ちて偉大なる創造発見をなすもの甚だ少く，又産業界に於ても殆ど全部の大工業は移入にあらざれば模倣であって，我が国人の発明が世界に採用されて新しき大工業を興したる例は絶無と謂っても可い.」

［06］中山忠直『日本人の偉さの研究』章華社　1933

［07］A.Hitler『我が闘争』ナチス党出版局　1925
「（日本の科学技術は）ヨーロッパの科学や技術を日本の特性によって装飾したものにすぎない」

［08］トク・ベルツ編『ベルツの日記　第1部下』菅原竜太郎訳　岩波文庫　1953
1901.11.22日本在留25周年記念祝典で挨拶の一部「西洋各国は諸君に教師を送ったのでありますが・・・・・・・日本では科学の『成果』のみをかれらから受け取ろうとしたのであります. この最新の成果をかれらから引継ぐだけで満足し，この成果をもたらした精神を学ぼうとはしないのです.」

［09］林鶴一『初等幾何学の体裁』1911
http://fomalhautpsa.sakura.ne.jp>Science>Other>kikagaku-teisai

［10］E.カント『純粋理性批判』篠田英雄訳　岩波文庫　1961

［11］プトレマイオス『アルマゲスト』藪内清訳　恒星社　1951

［12］コペルニクス『天体の回転について』1543　矢島祐利訳　岩波文庫　1949

［13］ケプラー　『新天文学』1609　岸本良彦訳『宇宙の調和』工作舎　2009

［14］G.Galilei『天文対話』1632　青木靖三訳　岩波書店　1961

［15］G.Galilei『新科学対話』1638　今野武雄他訳　岩波書店　1948

［16］R.Descartes『哲学の原理』1644　桂寿一訳　岩波文庫　1964

［17］I.Newton『プリンシピア』1687　中野猿人訳　講談社　1977

［18］E.Mach『力学の発達とその歴史的批判的考察』1883　青木一郎訳　内田老鶴圃　1931

［19］D.Hilbert『幾何学基礎論』中村幸四郎訳　ちくま学芸文庫　2005

［20］W.Pauli,*Relativitätstheorie Enzyklopädie der mathematidchen Wissenschaften*, 5Bd. Teubner,1921　内山龍雄訳『相対性理論』　筑摩書房　2007

［22］C.Möller,*The Theory of Relativity.*,Oxford Univ. Press London,1972　永田恒夫・伊藤大介訳『相対性理論』みすず書房 1959

［24］R.P.Feynman『ファインマン物理学Ⅰ力学』坪井忠二訳　岩波書店　1967

［25］R.B.Reighton『現代物理学概論』斎藤信彦他訳　岩波書店　1970

［27］J.J.Gray『ヒルベルトの挑戦』好田順治他訳　青土社　2003

［30］永野護『自由国民』敗戦真相記　時局月報社　第19巻の1　1946.1,『敗戦真相記』バジリコ，2002

［31］広松渉　勝守真　『相対性理論の哲学』　勁草書房 1986

［32］吉田伸夫『思考の飛躍』新潮社 2010

［33］広重徹『相対論の形成』みすず書房　1980

［34］霜田光一『歴史をかえた物理実験』丸善　1996

［41］リーマン『幾何学の基礎をなす仮説について』菅原正巳訳　弘文堂　1942

［42］クライン＆ヒルベルト『現代数学の系譜7』共立出版　1971

［47］J.Larmor『エーテルと物質』Cambridge Univ.Press,1900

［50］H.A.Lorentz「地球とエーテルの相対運動」*Amst.Versl.***1**,74,1892

［51］H.A.Lorentz『運動物体の電気光学現象理論に関する試論』Brill,1895

［52］H.A.Lorentz「運動系の電気光学現象の簡単化された理論」*Amst.Proc.***1**,427,1899

［53］H.A.Lorentz「光速より小さな速度で運動する系の電磁気現象」*Amst.Proc.*,**6**,809,1904

［54］H.A.Lorentz「金属における電子の運動」*Amst.Proc.*,**7**,438,585,684, 1905

［55］H.A.Lorentz『電子論』Teubner,1909　同第2版　1916

［60］H.Poincaré『科学と仮説』1902　河野伊三郎訳　岩波書店　1938

［61］H.Poincaré『科学の価値』1905　田辺元訳　岩波書店　1916

［62］H.Poincaré『科学と方法』1908　吉田洋一訳　岩波書店　1926

［63］H.Poincaré「時間の測定」*Rev.Méta.***6**,1,1898

［64］H.Poincaré「ローレンツ理論と反作用の原理」*Arch.néerl.***5**,252,1900

［65］H.Poincaré,Electricité et optique,Carré et Naud,1901

［66］H.Poincaré, L'état actuel et l'avenir de la physique
mathématique,*Bull.Sci.math.***28**,302,1904

［67］H.Poincaré「電子の力学」*Compt.rendus* **140**,1504,1905

［68］H.Poincaré「電子の力学」*Rend.Pal.***21**,129,1906

［69］H.Poincaré,La mécanique nouvelle,*Revue électrique* **13**,1910

［71］A.Einstein「運動物体の電気力学」Ann. Phys **17** 891，1905
内山龍雄訳編『アインシュタイン相対性理論』岩波書店　1988

［73］A.Einstein『自伝ノート』中村・五十嵐訳　東京図書　1978

［75］H.Minkowski, Die Grundgleichungen für die elektromagnetischen
Vorgänge in bewegten Körpern,*Gött.Nachr.***53**,1908

［76］［28］H.Minkowski, Raum und Zeit,*Phys.Zeitschr.* **10**,104,1909

［80］W.v Ignatowsky *Arch.Math.* **17** 1 1910 and **18** 17 1911
　　　　Phs. Z. **11** 972 1910 and **12** 779 1911

［81］P.Frank and H.Rothe, *Ann.Phys.***34** 825 1911 and *Phys. Z.* **13** 750 1912

［84］A.R.Lee and T.M.Kalotas, Lorentz Transformation from the First
Postulate,*Am.J.Phys,***43**,434-437,1975

［85］J.H.Field,A New Kinematical Derivation of the LorentzTransformation
and the Particle Description of Light,*Helv. Phys. Acta,* **70** 542-564 ,1997
http://arxiv.org/PS_cache/physics/pdf/0410/0410262v1.pdf

［86］Y.P.Terletskii, *Paradoxes in the Theory of Relativity,*Plenum,1966

［88］藤森弘章『特殊相対性原理の数学的原理』2012，私家本，国会図書館寄贈

参照YouTube，Web site

［90］池村勉「運動の相対性の教材としての天動説と地動説からガリレイの相対性原理へ」
https://hannan-u.repo.nii.ac.jp/?action=pages_view_main&active_action=repository_view_main_item_detail&item_id=524&item_no=1&page_id=13&block_id=17
［91］前野昌弘　相対論入門
http://www.phys.u-ryukyu.ac.jp/~maeno/rel2010/tokushu.pdf
［92］相対性理論　大学物理学
https://www.youtube.com/watch?v=hrEucOTg49A&t=191s
［93］関山明　特殊相対性理論　YouTube
https://www.youtube.com/watch?v=mIpLhmGOKmE&list=PL_fTFAWE1SFdcoqsS7abUyRPY7Qcg0l2
［94］Tom Roberts: What is the experimental basis of Special Relativity?
http://math.ucr.edu/home/baez/physics/Relativity/SR/experiments.html#Test_Theories
［95］線形代数入門　YouTube　https://youtu.be/svm8hlhF8PA
［96］線形代数入門　YouTube　http://mkmath.net/archives/117
［98］物理のかぎしっぽ数式掲示板
http://hooktail.maxwell.jp/bbslog/19916.html
［99］sci.physics.relativity
https://groups.google.com/g/sci.physics.relativity/c/OvtdwU8D848
［100］Hiroaki Fujimori　YouTube　Relativity Arises from the Symmetry of Spacetime　https://www.youtube.com/watch?v=FQVuoYeu9i0

索　引

*太字は本書の新用語

著者紹介　　　　　　ふじもり　ひろあき
　　　　　　　　　　藤森　弘章

1945年4月　長野県諏訪市に生まれる．諏訪清陵高校卒業
1969年　早稲田大学理工学部応用物理学科卒業．(株)東京精密を経て
1971年　日本アイ・ビー・エム (株)へ．
　データ・センターで技術系プログラムを開発．その後顧客企業の電算化を支援するシステムズ・エンジニアとして，自動車・造船・航空機 などの製造企業における開発設計業務の，電子計算機を中核としたシステム化を手がけ，データの流れとシステム的視点が習い性となる．
　隠居して取り組んだ特殊相対論も，慣性座標系システムをseedsとneedsの両面から分析，全体と部分の調和に腐心する．
　学問との縁は40年ぶりで，錆びついた鋏のほかは徒手空拳の無手勝流．遊び心で求めた1次と2次の不変関数が，2300年来のユークリッド幾何学と300年来のニュートン力学と100年来の特殊相対論の共通の淵源を発見する手掛かりとなる．
　趣味は読書と，以前は自転車の遠乗り．
　辞世　時空顔　空っぽそうで　律儀なり

算額 1

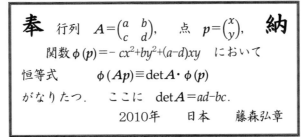

奉　行列　$A = \begin{pmatrix} a & b \\ c & d \end{pmatrix}$,　点　$p = \begin{pmatrix} x \\ y \end{pmatrix}$,　納
　　　関数 $\phi(p) = -cx^2 + by^2 + (a-d)xy$　において
恒等式　　　$\phi(Ap) \equiv \det A \cdot \phi(p)$
がなりたつ．　ここに　$\det A = ad-bc$.
　　　　　2010年　　日本　　藤森弘章

著者情報

- web site　http://www.spatim.sakura.ne.jp/ 表裏対称平面の幾何
- e-mail　　fuji@spatim.sakura.ne.jp
- YouTube　(1) ホームページの［Video］欄から

　　または (2) YouTube 内で "hiroaki fujimori" と検索
　　Relativity Arises from the Symmetry of Spacetime 13 分，字幕付き
- 第 6 回国際時空学会で論文発表 2022.9.15

　　http://www.minkowskiinstitute.org/conferences/2022/cprogram.html
　　論文「Proof of the Relativity Principle」
　　http://www.spatim.sakura.ne.jp/pdfpp/202209conf.pdf
- 本書の正誤表は，上記の弊 web site に掲載します．

表裏対称平面の幾何
―相対性原理の証明―

発行日　　2022 年 9 月 9 日

著　者　　藤森 弘章

発　売　　ぶんしん出版

印刷・製本　　株式会社 文伸

　〒 181-0012　東京都三鷹市上連雀 1-12-17
　TEL 0422-60-2211　FAX 0422-60-2200
　https://www.bun-shin.co.jp/

ISBN 978-4-89390-194-1